Untersuchungen an Schwermineralspektren und Kornverteilungen von quartären und jungtertiären Sedimenten des Oberpullendorfer Beckens (Landseer Bucht) im mittleren Burgenland

Von

Karl Schoklitsch

Aus den Sitzungsberichten der Österr. Akademie der Wissenschaften, Mathem.-naturw. Kl., Abt. I, 171. Bd., 3. bis 5. Heft

1962

Springer-Verlag Wien GmbH

ISBN 978-3-662-22862-3 ISBN 978-3-662-24796-9 (eBook)
DOI 10.1007/978-3-662-24796-9

Die in den Sitzungsberichten Abtlg. I und Abtlg. II der math.-nat. Klasse der Österr. Ak. d. Wiss. erscheinenden Abhandlungen werden auch einzeln abgegeben. Sie können durch jede Buchhandlung oder direkt durch die Auslieferungsstelle der Österreichischen Akademie der Wissenschaften (Wien I, Singerstraße 12) bezogen werden.

Nachfolgende Abhandlungen aus den Fächern **Geologie**, **Mineralogie** und **Geographie** sind erschienen:

1957 (S I Bd. 166):

Hanselmayer J.: Beiträge zur Sedimentpetrographie der Grazer Umgebung IX. Die Chonetenschiefer des Grazer Paläozoikums (mit 5 Tafeln). S 23.90

Neubauer W. H.: Die Südgrenze der Rhodopen. Ein Beitrag zur stratigraphischen Auflösung des Kristallins auf der Halbinsel Chalkidike (mit 5 Textabbildungen und 2 Beilagen). S 16.20

Scharbert H. G.: Die Grüngesteine der Großvenediger-Nordseite (Oberpinzgau, Salzburg) I (mit 4 Textabbildungen). S 19.80

1958 (S I Bd. 167):

Hanselmayer Josef: Beiträge zur Sedimentpetrographie der Grazer Umgebung X. Quarzporphyre aus den pannonischen Schottern von der Platte und von Laßnitzhöhe-Schemerl (Steiermark) (mit 4 Abbildungen auf 2 Tafeln). S 17.50

Wiche Konrad: Ergebnisse klimamorphologischer Untersuchungen im Wienerwald (mit 2 Textabbildungen, 2 Tafeln und 1 Beilage). S 26.10

1959 (S I Bd. 168):

Flügel Helmut und Maurin Viktor: Ein Vorkommen vulkanischer Tuffe bei Eibiswald (Südweststeiermark). S 4.50

Hanselmayer Josef: Beiträge zur Sedimentpetrographie der Grazer Umgebung XI. Petrographie der Gerölle aus den pannonischen Schottern von Laßnitzhöhe, speziell Grube Griessl (mit 6 Figuren auf 3 Tafeln). S 40.10

Leischner Winfried: Zur Mikrofazies kalkalpiner Gesteine (mit 17 Textabbildungen, davon 1 auf einer Beilage und 6 Tafeln). S 52.40

Mitzopoulos M.: Erster Nachweis von Gosauschichten in Griechenland (mit 3 Textabbildungen und 2 Tafeln). S 16.30

Sander Bruno: Beiträge zur morphologischen Kennzeichnung der Erde. S 89.—

Thurner Andreas: Die Geologie des Gebietes zwischen Neumarkter und Perchauer Sattel (mit 5 Textabbildungen). S 15.50

1960 (S I Bd. 169):

Hanselmayer J.: Beiträge zur Sedimentpetrographie der Grazer Umgebung XIII. Ein „Andesit-Gerölle" aus der Sandgrube in Dornegg bei Nestelbach-Schemerl (mit 2 Abbildungen auf 1 Tafel). S 11.—

Hanselmayer J.: Beiträge zur Sedimentpetrographie der Grazer Umgebung XIV. Petrographie der Gerölle aus den pannonischen Schottern von Laßnitzhöhe, speziell Grube Griessl (mit 4 Textabbildungen und 2 Tafeln). S 20.—

1961 (S I Bd. 170):

Hanselmayer Josef, Beiträge zur Sedimentpetrographie der Grazer Umgebung XV. Petrographie der pannonischen Schotter von Hönigthal (mit 1 Textabbildung und 1 Tafel). S 170 – 11, S 26.90

Hanselmayer Josef. Beiträge zur Sedimentpetrographie der Grazer Umgebung XVI. Ein massiges, grünlichgraues Porphyroidgerölle aus den pannonischen Schottern von der Platte-Graz (mit 1 Tafel). S 170 – 30, S 9.–

Vaché Raimund, Prädiluviale Hochgebirgsbrekzien im mittleren Wettersteingebirge (mit 3 Textabbildungen und 1 Beilage). S 170 – 31, S 15.–

Untersuchungen an Schwermineralspektren und Kornverteilungen von quartären und jungtertiären Sedimenten des Oberpullendorfer Beckens (Landseer Bucht) im mittleren Burgenland

Von KARL SCHOKLITSCH (Graz)

(mit 27 Tabellen und 2 Karten)

Einleitung

Das Oberpullendorfer Becken ist der westlichste Ausläufer der kleinen ungarischen Tiefebene (Kis-Alföld) und bildet ebenso wie die Wiener Neustadt-Ödenburger-Pforte eine ausgedehnte Einbuchtung im Bereich des Nordostsporns der östlichen Zentralalpen (A. WINKLER-HERMADEN, 1951). Im Norden wird sie begrenzt durch die antiklinale Aufwölbung der Brennbergzone, welche bis gegen Ödenburg hinzieht und im Jungtertiär zeitweise den Sedimentationsbereich des Mattersburger Beckens von dem der Landseer Bucht trennte (R. JANOSCHEK, 1931). Den Westrand des Beckens bilden die kristallinen Schiefer des nach Osten in Verbiegungen absinkenden Rosaliengebirges.

Auf Grund der Aufnahmen und Arbeiten von F. KÜMEL (1936, 1937, 1938) wurden nach seinem Tode die Ergebnisse von K. LECHNER für die Erläuterungen zur geologischen Karte Mattersburg-Deutschkreutz (J. FINK, H. KÜPPER, K. LECHNER, A. RUTTNER, 1957) bearbeitet. Danach sind dort drei voneinander verschiedene Serien, die Glimmerschiefer-Grobgneis-Serie, die Biotitschiefer-Grobgneis-Serie, die beide der 1. und 2. Tiefenstufe entsprechen, und die Serie der Sieggrabener Deckscholle, die größtenteils aus mesozonal bis katazonal gebildeten Gesteinen besteht.

Im Süden und Südwesten wird die Landseer Bucht vom Rechnitzer Gebirge (Schiefer und metamorphe Diabase), das derzeit zusammen mit dem Serpentingebirge von Bernstein als eventuelles penninisches Fenster (mit möglicherweise metamorphem Mesozoikum) aufgefaßt und von der erwähnten Grobgneis-Serie tektonisch überdeckt wird, über welcher dann die Sieggrabener Deckscholle liegt.

Im Norden beginnt die tertiäre Serie (M. VENDL, 1930, R. JANOSCHEK, 1931/32, M. VENDL, 1933) mit den aus dem Helvet stammenden unteren und oberen Auwaldschottern und dem Brennberger Blockschotter, welcher dem Helvet oder dem untersten Torton zuzurechnen ist. Daran schließt sich am Nordsaum der Landseer Bucht das Torton mit einer Mächtigkeit von höchstens 300 Metern. Hieher gehören die in einem seichten Meer abgelagerten Ritzinger Sande mit stellenweise eingeschalteten, gut gerundeten Quarzgeröllen und seltenen Kalkgeröllen, mit ihren Lignit führenden Basisschichten und sandig-tonigen Hangendschichten. Die ganze Serie ist relativ reich an Fossilien, welche ihre Zuordnung zum Untertorton wahrscheinlich machen.

Das Sarmat der Landseer Bucht liegt nach K. HOFMANN (1878) zum größten Teil auf dem Kristallin auf, zum Teil, gegen Süden zu, grenzt es an Blockschotter; im Norden (bei Kalchgruben) grenzt es an marines Torton, welches den Brennberger Blockstrom (R. JANOSCHEK, 1932) überdeckt. Die Sarmatschichten fallen am Nordsaum meist gegen Süden und Südwesten ein, im Westen (Draßmarkt-Weppersdorf) gegen Nordosten. Sie sind im Westen ziemlich mächtig, während im Osten die Erosion im Pannon einen großen Teil des Sarmat abgetragen zu haben scheint (R. JANOSCHEK, 1931, A. WINKLER-HERMADEN, 1945, 1952). Das Sarmat hat in der Landseer Bucht seine Hauptverbreitung im Draßmarkter Teilbecken und besteht nach F. KÜMEL (1936) vor allem aus Tegeln, die gegen das Hangende in feine, weiße bis gelbe Sande übergehen, die an zahlreichen Punkten, wie z. B. Draßmarkt, St. Martin, Weingraben und Kaisersdorf, fossilführend sind.

Im Pannon bildete sich die Hauptmasse der Ablagerungen der Landseer Bucht. Ihre Oberfläche ist nach M. VENDL, JANOSCHEK, SZADECKY-KARDOSS (1938), KÜMEL teilweise von Terrassenschottern bedeckt. Die Schichten fallen im allgemeinen gegen die Mitte der Bucht ein, werden gegen Ost und Süd feinkörniger und gelten als so kalkarm, daß als Ausnahme eine Mergellage südlich von Deutschkreutz genannt wird. Es überwiegen grobe bis feine, weiße Quarzsande, denen in ausgeprägter Kreuzschichtung Kiese bis Schotter eingeschaltet sind.

Für die Altersbestimmung scheinen zwei Funde von Congerien, Cardien und Melanopsiden südöstlich von Ritzing sowie Cardien und Melanopsiden in der Ziegelei von Neckenmarkt wichtig, die auf Unterpannon im tiefsten Teil des Schotterkörpers hinweisen.

Ein Geweihrest, der von THENIUS und TAUBER (1956) bei Nikitsch gefunden wurde, ließ KÜPPER (1957) an mittleres Pannon denken, was aber nach der Lagerung dieses Geweihrestes, wie aus jüngsten Untersuchungen von A. WINKLER-HERMADEN hervorgeht, an der betreffenden Stelle nicht der Fall sein kann. Außerdem sind die pannonischen Schichten die unmittelbare Fortsetzung der durch oberpannonische Fossilien gekennzeichneten analogen Sedimente von Holling (Fertöboz) in Westungarn (SZADECZKY-KARDOSS, 1938). Dieser Autor stellt in seiner ausführlichen und mit vielen, sehr präzisen Messungen ausgestatteten Monographie über die kleine ungarische Tiefebene fest, daß bei Nagycenk (Großzinkendorf) am Ostausgang der Landseer Bucht in Tonen und Feinsanden eine oberpliozäne Säugetierfauna vorhanden ist (Csörgetö-major), in Schichten, deren streichende Fortsetzung über den Raum von Nikitsch usw. auf das Gebiet von Oberpullendorf und seinen Basalt hinzieht.

A. WINKLER-HERMADEN (1956, S. 507) hält den höheren Sedimentkomplex von Oberpullendorf und östlich davon, entgegen anderen Auffassungen (F. KÜMEL, 1936, 1952) für Oberpliozän und ist der Ansicht, daß die fossilleeren, mittel- bis gröberklastischen Bildungen, die beiderseits von Oberpullendorf die Anhöhen aufbauen und über vermutlich pannonischen Schichten liegen, welche F. KÜMEL als Pannon ausgeschieden hat, bisher zu Unrecht mit dem Pannon vereinigt worden sind. Dieses Problem, das enge mit der Frage nach dem Alter der basaltischen Eruptiva bei Oberpullendorf verbunden ist, wird von Prof. Dr. A. WINKLER-HERMADEN derzeit in einer besonderen Arbeit behandelt.

Über den Vulkanismus der Landseer Bucht liegen eine Reihe von Arbeiten (A. WINKLER-HERMADEN, 1911, 1913, 1956, F. KÜMEL, 1936, L. JUGOVICS, 1939, M. TOPERCZER, 1947, F. KÜMEL, 1952, E. ZIRKL, 1953) vor, die sich mit den beiden Vorkommen, dem Basalt vom Pauliberg (755 m Seehöhe) und dem Basalt von Oberpullendorf—Stoob (ca. 250 m Seehöhe) eingehend befassen.

Der Basalt vom Pauliberg liegt dem Kristallin auf, seine Eruption erfolgte sicher nach dem Sarmat und wird nach A. WINKLER-HERMADEN ebenso wie die übrigen Basaltausbrüche, die den östlichen Abbruch der Alpen von der Mittelsteiermark über das Burgenland bis nach Westungarn begleiten, als dazisch angegeben.

Der Oberpullendorf-Stoober-Basalt ruht ebenfalls meist direkt dem Kristallin auf (A. WINKLER-HERMADEN, 1911) und besteht nach F. KÜMEL (1936) aus zwei Lavadecken. Ursprünglich nahm F. KÜMEL an, daß alle Vorkommen um Oberpullendorf—Stoob von einer Lavazunge stammen, die nach Norden floß und durch den

Stoober Bach zerteilt worden sei. Spätere Untersuchungen, zum Teil an den schönen, nun größtenteils wieder verwachsenen Aufschlüssen an der neuen burgenländischen Nord-Süd-Straße (KÜMEL, 1952), ergaben, daß der Stoober Basalt einem gesonderten Ausbruchherd entstammt und daß am Oberpullendorfer Basalt fünf Ausbrüche zu beobachten sind. Nach KÜMEL (1936) sind die den Basalt bedeckenden, schon früher erwähnten Schichten des Oberpullendorfer Beckens praktisch fossilleer und wurden ursprünglich von F. KÜMEL zur Gänze ins Sarmat, später teils ins Sarmat, überwiegend aber ins Pannon gestellt.

Der Ausbruch des Basalts von Oberpullendorf—Stoob wird von KÜMEL aus verschiedenen Gründen, die hier nicht näher behandelt werden sollen, vor allem aber wegen der Vermutung, daß Schichten über dem Basalt zum Sarmat gehören und wegen einer zu Sarmatbeginn einsetzenden Senkungsphase, etwa an die Grenze Torton-Sarmat oder ins Sarmat gestellt. Damit wäre aber für diesen Vulkan die Annahme eines wesentlich höheren Alters als für die übrigen Eruptiva der westungarisch-oststeirischen Basaltprovinz notwendig, was aber nach A. WINKLER-HERMADEN (1958) praktisch ausgeschlossen werden kann.

Nach KÜPPER (1957) ist für die Einstufung des Oberpullendorf-Stoober-Basalts in das tiefste Pannon entscheidend, daß die von G. WOLETZ (1957) ermittelten Schwermineralspektren der Tertiärsande, welche den Basalt von Stoob bedecken, dem im nördlichen Randbereich von Weppersdorf—Lackenbach für das tiefere Pannon charakteristischen entsprechen (Zirkon-Turmalin-Vormacht + Epidot) und die Sande, auf denen der Basalt liegt, ein ähnliches Spektrum aufweisen, mit einer deutlichen Tendenz zu den Sarmatsedimenten, deren Spektrum aber nicht angegeben wird.

„Es reichen diese Beobachtungen wohl noch nicht aus, um sagen zu können, daß die Basalte von Stoob während einer Trockenlegungsphase an der Grenze von Pannon und Sarmat ausgeflossen seien; wohl aber reichen sie aus, um den Erguß der Basalte in das untere Pannon einzustufen." (KÜPPER, 1957.)

In der vorliegenden Arbeit wird nun versucht, mit Hilfe von Schwermineralanalysen an den tertiären Sedimenten der Landseer Bucht, die ja auch bei der Altersbestimmung durch KÜPPER eine so bedeutende Rolle spielen, dieses Problem einer Klärung näher zu bringen. Weiters war auch zu prüfen, wie weit in diesen so fossilleeren Sedimentkörpern die Schwermineralspektren der einzelnen Gesteine imstande sind, Anschauungen über die zeitliche Einordnung bestimmter Vorkommen zu untermauern bzw. unter Umständen auch zu entkräften. Daneben werden auch Untersuchungen über die Korngrößenverteilung und den Karbonatgehalt der Sedimentproben durchgeführt und getrachtet, aus ihnen ebenfalls Schlüsse auf den Sedimentationsablauf in der Landseer Bucht zu ziehen. Aus der Fossilarmut der Schichten folgt leider, daß es hier nicht möglich ist, bestimmte Schwermineralspektren mit bestimmten Fossilinhalten zu parallelisieren, und man ist gezwungen, sich von den wenigen, stratigraphisch festgelegten Schichten, z. B. dem Sarmat im Nordwesten des Gebietes und Pannon im Norden, bei der Probenahme vorsichtig nach Süden, Südosten und Osten vorzutasten. Im Osten kommt man erst jenseits der Grenze zu fossilführenden Schichten, nämlich den dazischen Sanden von Csörgetömajor, südwestlich von Nagycenk in Westungarn. Von dort standen mir durch freundliche Vermittlung von Herrn Prof. Dr. A. WINKLER-HERMADEN von Herrn Prof. Dr. M. VENDL (Ödenburg) zwei Sandproben, allerdings ohne Angaben über ihre Lagerung, zur Verfügung. Im übrigen wurde vor allem darauf Wert gelegt, von den kritischen Stellen in unmittelbarem Bereich des Basalts von Stoob Proben zu untersuchen, und es wurde versucht, fazielle Schwankungen (Th. KRASCHENINNIKOW, 1958) im Schwermineralgehalt der Sedimente der Landseer Bucht zu erkennen, nicht zuletzt wurde auch die Frage geprüft, wie stark im untersuchten Gebiet mit solchen Schwankungen bis zur Nester- oder Seifenbildung durch bestimmte Schwermineralien gerechnet werden muß.

Es ist natürlich klar, daß bestimmte Schwermineralspektren durchaus nicht den Wert von Leitfossilien haben, es war aber zu untersuchen, wie weit kann im untersuchten Gebiet ein Schwermineralspektrum überhaupt als typisch oder charakteristisch für einen Horizont angenommen werden, welchen Schwankungen ist die Schwermineralführung unterworfen und welche Einflüsse machen sich hier geltend.

Zur Geschichte der Schwermineralanalysen bzw. ihrer Verwendung in der Sedimentpetrographie

An dieser Stelle scheint es zweckmäßig einen Überblick über die Entwicklung des noch relativ jungen, aber wichtigen Wissenszweiges von der Schwermineralführung der Sedimente zu geben, da sich daraus wohl auch am besten die Grenzen und die Schwierigkeiten dieser Untersuchungsmethode ergeben.

Es war mir unmöglich auch nur die Mehrzahl der Arbeiten zu erfassen, die sich mit diesem Problem beschäftigen, aber aus der Literatur ist ersichtlich, daß es die angelsächsischen Wissenschaftler zuerst waren, die sich mit den „heavy minerals“ in den Sedimenten befaßten. Als einer der ersten schließt A. W. GROVES (1927) aus einer ähnlichen Mineralgesellschaft in räumlich getrennten Granitvorkommen auf Altersbeziehungen zwischen diesen und nimmt bei Unterschieden in der Schwermineralführung verschiedenes Alter der verschiedenen Vorkommen an. A. K. WELLS (1931) bezweifelt die Richtigkeit solch weitgehender Schlüsse und betont im bezug auf Sedimente, daß nur für solche Sedimentationsräume Parallelen angenommen werden können, die während eines bestimmten Zeitraums vom gleichen Ursprungsgebiet mit Detritus beliefert wurden.

Von BURRI (1929) liegt eine Untersuchung über die Schwermineralführung in rezenten Sanden des Tessin (Ticino) vor, in welcher der Gehalt an blaugrüner Hornblende, Granat und Staurolith beobachtet und die Zusammenhänge zwischen der Schwermineralführung der Flußsande (27 Proben) und den Liefergebieten (Hornblende nimmt, weil nur im Ursprungsgebiet vorkommend, flußabwärts ab, Granat wird von allen Seitenbächen geliefert, nimmt daher flußabwärts zu) dargestellt werden. Ab 1931 nehmen in der deutschsprachigen Literatur die mineralogischen Untersuchungen von Sedimentgesteinen, hauptsächlich auf ihren Schwermineralgehalt hin, stark zu. C. H. EDELMAN (1931) betont, daß die Schwermineralgesellschaft von Sanden immer mehr zu ihrer Charakterisierung verwendet wird und daß diese Arbeitsmethoden in den angelsächsischen Ländern schon seit langem in Verwendung seien. Er führt aus den Erdölgebieten von Niederländisch-Indien in Sanden die Mineralien Zirkon, Turmalin und Granat als Hauptschwermineralien an („normale Typen“), während als „Spezialtypen“ Staurolith und Titanit für Java, und Hypersthen und Hornblende für Borneo charakteristisch seien. Es ist dies bereits ein geglückter Faziesvergleich mit Hilfe von Schwermineralien. Ebenfalls 1931 stellt C. H. EDELMAN den Begriff der „Blutsverwandtschaft“ von Sedimenten an Proben des nubischen Sandsteins auf, in welchen zwei Zonen unterscheidbar sind. Beide enthalten Eisenerz, Zirkon, Rutil, Turmalin, Granat und Staurolith, in der oberen Zone mit der Relation Staurolith : Granat = 1 : 4, während in der unteren Zone das Verhältnis 3,5 : 1 beobachtet wurde. Diese Angaben deuten bereits die Grenzen und Möglichkeiten bei der Auswertung von Schwermineralspektren an. Ähnlichkeiten oder Unterschiede zwischen verschiedenen Proben oder Serien müssen sehr deutlich sein, damit man sie für stratigraphische Schlüsse verwenden kann, denn es wird immer zu beobachten sein, daß kleinere Schwankungen des Schwermineralverhältnisses durch lokale Änderungen der Sedimentationsverhältnisse verursacht sind.

Im Zuge der allgemeinen Bemühungen, die Bedingungen und Gesetzmäßigkeiten der Sedimentation psammitischer Verwitterungsprodukte qualitativ und quantitativ immer mehr zu erfassen, beschäftigt sich F. W. FREISE (1931) mit der Frage nach der Abnutzung verschiedener Materialien durch den Transport im fließenden Wasser. Er kommt dabei experimentell mit Hilfe der Formel:

$$\text{Transportwiderstand} = \frac{L^2 . S . W}{4\,H}$$

worin L = Kantenlänge des Mineralwürfels, S = spez. Gew., W = Transportweg, H = Transportwiderstand des „dichten Roteisens" mit 100 angenommen, zur Erkenntnis, daß die Abnutzbarkeit von Mineralien bei Fließtransport durchaus nicht proportional den Mohs'schen Härtegraden ist. Es ergibt sich, wie nachfolgende Tabelle auszugsweise zeigt, eine merkwürdige Reihung unter den gesteinsbildenden Mineralien.

Turmalin	850—950
Korund	750
Pyrit	500
Staurolith	420
Granat	320—420
Epidot	320
Apatit	275
Disthen	260
Quarz	245
Diopsid	160
Orthoklas	150

Diese Abnutzungsskala entspricht sicherlich weitgehend auch natürlichen Verhältnissen, denn Turmalin ist in den Sedimenten selten stark abgerollt, sehr häufig idiomorph, auch Staurolith und Granat zeigen sich recht widerstandsfähig, während z. B. Apatit immer sehr stark gerundet ist, was wohl auch für Quarz und immer für die Pyroxene zutrifft. Allerdings muß neben der mechanischen Beanspruchung auch die chemische Zerstörung der Mineralien mitberücksichtigt werden.

L. KÖLBL (1931) studiert als neuen Gesichtspunkt den Massenaustausch und versteht darunter die Durchmischung benachbarter Schichten in turbulenten Strömungen, die bei der Sedimentation aus Wasser eine sehr große Rolle spielen. Nach der Sinkgeschwindigkeit von Mineralsplittern stellt er drei Korngrößengruppen auf, wenn diese größer als 0,2 mm ist, dann ist große Sinkgeschwindigkeit mit geringem Massenaustausch die Folge. Bei Korngrößen von 0,02—0,2 mm variiert die Sinkgeschwindigkeit der Körnchen stark und ist weitgehend von ihrer Form und ihrem spez. Gew. abhängig. Bei Körnern unter 0,02 mm verhalten sich praktisch alle Teilchen gleich, sie sind suspendiert, eine Sortierung des Sediments findet praktisch nicht statt.

Schon 1932 und 1934 bearbeiten C. H. EDELMAN und D. J. DOEGLAS die Umwandlungserscheinungen und diagenetischen Auflösungsvorgänge an Pyroxenen, Amphibolen, Staurolith, Disthen, Granat, Epidot und Titanit in tertiären Sanden. Es zeigt sich dabei, daß Pyroxen und Amphibol chemisch leicht angreifbar sind, mit eine Funktion ihrer guten Spaltbarkeit, und daß die beiden Mineralien in alttertiären Sedimenten daher fast fehlen und nur in jungtertiären, hier meist mit typischen Reliktstrukturen, nennenswert vorhanden sind. Die übrigen, oben genannten Schwermineralien zeigen sich ziemlich stabil, wenn man auch für Granat (Ätzfiguren) eine vergleichsweise geringere Widerstandskraft gegen chemische Angriffe feststellt.

H. ANDRÉE (1936) betont, daß man sich in der Sedimentpetrographie nicht mit Korngrößenbestimmungen und chemischen Analysen begnügen dürfe, sondern der Stoffbestand der Sedimente erfaßt werden müsse. Er stellt den Begriff der allothigenen Mineralien den autigenen Mineralien gegenüber, die in den Sedimenten selbst entstanden sind. Da die meisten Sande durch ihre große Artenarmut an Leichtmineralien ausgezeichnet sind, sind es in erster Linie die Schwermineralien, welche mit größerer Artenzahl, aber geringerer Individuenzahl „tiefste Einblicke in die Geschichte der Sedimente" ergeben können. ANDRÉE bespricht auch die Technik der Bestimmung der charakteristischen Schwermineralspektren und hält dafür die Korngrößenfraktion von 0,05—0,2 mm am günstigsten. Über 0,2 mm seien nur selten Schwermineralien enthalten, unter 0,05 mm sind sie auch selten, aber vor allem kaum mehr bestimmbar. Die Charakteristik der Mineralien in Pulver- bzw. Splitterpräparaten ist sehr gut dargestellt. Turmalin, Zirkon, Rutil und Monazit sind nach ihm die widerstandsfähigsten, die gut spaltbaren Mineralien zerfallen bald und werden auch chemisch leichter angegriffen. Apatit ist meist stark abgeschliffen, vermutlich auch korrosiv gerundet. Für die Verschiedenheiten von Schwermineralspektren in verschiedenen Gesteinen macht er, übereinstimmend mit EDELMAN, drei Gründe verantwortlich: a) zufällige Schwankungen ohne stratigraphischgeologische Bedeutung, b) normale Änderungen, die mit Evolutionen im Herkunftsgebiet des Sediments zusammenhängen, und c) abnorme Schwankungen, die durch Interferenz zweier oder mehrerer Mineralgesellschaften entstanden sind. Diese Arbeit von ANDRÉE ist eine sehr umfangreiche und wertvolle Auseinandersetzung mit dem Problem des Schwermineralgehaltes von Sedimenten, seiner Bestimmung und Bedeutung. W. SCHEIDHAUER (1939) untersucht die gravitativen Auslesevorgänge bei der Sedimentation von Sanden anläßlich von Korngrößen- und Schwermineralanalysen im Turon des Elbe-Sandsteingebirges, so daß die Methodik dieser Disziplin der Sedimentpetrographie allmählich immer besser durchgearbeitet wird.

Nach dem Krieg ist es in Österreich vor allem G. WOLETZ (1948), die Schwermineraluntersuchungen systematisch und in großer Zahl durchführte und erstmalig bei der Bearbeitung von Kernproben aus Erdölbohrungen verwendet. Sie hält sie für ein gutes Hilfsmittel zur Charakterisierung klastischer Sedimente, weil in ihrem Arbeitsbereich bestimmte, konstante Vergesellschaftungen typisch für gewisse Sedimente sind. Außerdem bemerkt sie, daß die blättrigen Schwermineralien (z. B. Biotit, Chlorit) für die Charakteristik weniger wertvoll sind, weil bei ihrem Transport die Form eine große Rolle spielt, so daß sie in bestimmten mittleren Korngrößenfraktionen in zu geringer Menge vorhanden sind, sich andererseits in feinen Fraktionen, weil gleichzeitig mit ihnen transportiert, über ihren Durchschnitt anreichern. Aus dem Laboratorium für Sedimentpetrographie der Geol. Bundesanstalt in Wien kommen nun alljährlich von G. WOLETZ die Berichte über die in großer Menge durchgeführten Schwermineralanalysen an klastischen Gesteinen verschiedenster Gebiete und Formationen. Immer ist daraus zu ersehen, wie bei entsprechender Fragestellung diese Methode zu guten Erfolgen führen kann. Im Jahre 1950 beschreibt G. WOLETZ ausführlich ihre Arbeitsmethode und vertritt die Ansicht, daß das Schwermineralspektrum eines Sediments im gleichen Absatzraum bei gleichen Absatz- und Einschwemmungsbedingungen im allgemeinen gleich sein dürfte. Abweichungen davon lassen Rückschlüsse auf Änderungen im Herkunftsgebiet zu.

In einer 1947 im wesentlichen abgeschlossenen Arbeit untersucht H. WIESENEDER (1952) die Schwermineralführung der Sedimente im nördlichen inneralpinen Wiener Becken und der zugehörigen Flyschumrahmung und teilt eine Fülle von neuen Erkenntnissen mit. Das Schwermineralspektrum des Flysch ist sehr einförmig, mit besonderem Granatreichtum im Kreideflysch und Zirkonreichtum im Eozänflysch. Weil die älteren, mesozoischen Sedimente sehr arm an Schwermineralien sind, muß zumindest ein Teil des klastischen Materials des Flysch von einem abgetragenen Kristallin moldanubischen Gepräges herrühren, wobei der Granatreichtum des Kreideflysch aus der Glimmerschieferhülle eines Granites stamme, welcher selbst wieder, siehe dessen Zirkongehalt, das Material für den Eozänflysch geliefert haben soll. In der Füllung des nördlichen inneralpinen Wiener Beckens hingegen überwiegt die Mineralkombination Granat-Staurolith-Disthen, meist von mehr oder weniger Turmalin begleitet. Dazu gesellt sich ab Obersarmat auch Epidot und ab Unterpannon auch Hornblende, bei allgemein geringem Zirkongehalt. Aus diesen Verschiedenheiten wird gefolgert, daß der Schlier der Beckenfüllung kein aufgearbeiteter Flysch sein kann. Wichtig scheint weiters, daß im Helvet und Torton des außeralpinen Wiener Beckens Epidot und grüne Hornblende vorhanden sind, während sie in den gleich alten, aber tiefer liegenden Schichten des inneralpinen Wiener Beckens fehlen. Da dort auch der Staurolith Ätzspuren zeigt, wird eine sekundäre, diagenetische Auflösung von Epidot und Hornblende durch die in den Poren zirkulierenden und infolge tieferer Absenkung wärmeren und chemisch aggressiveren Wässer angenommen. Daraus wird es auch nicht für ganz unmöglich gehalten, daß der Kreideflysch ursprünglich eine buntere Mineralzusammensetzung hatte und erst durch den Einfluß diagenetischer Vorgänge das heutige einförmige Gepräge erhielt. Es ist hier erstmals klar ausgesprochen, daß der heutige Mineralbestand der Sedimente nicht dem ursprünglichen entsprechen muß, und es wird die Unterscheidung zwischen verwitterungsempfindlichen (Granat, Apatit) und diageneseempfindlichen Mineralien (Staurolith, Disthen, Andalusit) festgehalten, während Epidot, Hornblende und Pyroxen von beiden Vorgängen stark angegriffen werden.

In verschiedenen Arbeiten zeigt G. Woletz (1954, 1955, 1956), daß für verschiedene Sedimentkomplexe (Kaumberger Schichten, Gosauschichten, Flysch usw.) tatsächlich bestimmte Schwermineralassoziationen charakteristisch sind und fallweise durchaus als stratigraphisches Merkmal verwendet werden können.

J. Ladurner (1954, 1955) untersuchte an pleistozänen Sanden der Innsbrucker Umgebung das Verhältnis zwischen Korngrößen und Mineralführung und zeigt, daß Korngrößen über 0,2 mm noch viele Gesteinsbruchstücke enthalten, im Intervall 0,09—0,2 mm ebenfalls noch als solche vorkommen und erst unter 0,1 mm die Einkristalle überwiegen. G. Woletz (1958) faßt ihre arbeitsmethodischen Erfahrungen auf dem Gebiet der Untersuchung von klastischen Sedimenten zusammen und betont, daß auch die Korngrößenverteilung als wichtiges Charakteristikum dieser Gesteinsarten nicht vernachlässigt werden dürfe. Die Masse der Schwermineralien sei in der Fraktion von 0,05—0,2 mm, während gröbere Fraktionen fast ausnahmslos wesentlich einförmiger sind, als es dem Spektrum des Sediments entspricht.

F. J. PETTIJOHN (1957, pp. 498—522) bespricht in seinem Standardwerk über Sedimentpetrographie die Zusammenhänge zwischen Sedimententstehung und Mineralgehalt und betont die Wichtigkeit der Schwermineralanalysen für die Ermittlung des Ursprungsgesteins. Er verweist auf interessante Untersuchungen von P. D. KRYNINE (The tourmaline group in sediments, Journ. Geol., vol. 54, pp. 65—87), die mir aber nicht zur Verfügung standen. KRYNINE stellte fünf Haupttypen von Turmalinen verschiedener Genese fest (granitisch, pegmatitisch, aus pegmatitisch injizierten metamorphen Gesteinen, authigen im Sediment und aus umgearbeiteten, älteren Sedimenten), die sich optisch eindeutig identifizieren lassen und daher brauchbare Indikatoren darstellen. Im ganzen genommen, ist PETTIJOHN, ebenso wie WIESENEDER (1958), der Ansicht, daß die Bildung der heute vorliegenden Schwermineralgesellschaften wesentlich komplizierter vor sich gehe, als man bisher angenommen hat.

H. WIESENEDER und J. MAURER (1958) behandeln in einer auf vielen früheren Erkenntnissen fußenden Arbeit den Mineralbestand der Sedimente des Wiener Beckens, das ja durch zahlreiche Flach- und Tiefbohrungen hervorragend aufgeschlossen ist. Sie betonen den Einfluß der diagenetischen Veränderungen in der Tiefe (Auflösung von Mineralien durch Wasser, Kohlensäure und Kieselsäure), die man aber scharf von den Wirkungen der Oberflächenverwitterung abtrennen muß, auf die Mineralien Hornblende, Epidot, Granat, Staurolith und Apatit, die inzwischen ziemlich genau erfaßt werden konnten. Jedenfalls können gleich alte Schichten, je nach ihrer Tiefenlage, verschiedene Schwermineralspektren haben, wozu noch die Variabilität der Sedimente im Zusammenhang mit ihrem Herkunftsgebiet kommt. Die Interferenz dieser beiden Komponenten, zu denen sich noch Korngrößenunterschiede und Sedimentationsmechanismus als verändernde Ursachen gesellen können, schaffen unter Umständen sehr komplizierte Verhältnisse, welche die Deutung einer heute vorliegenden Schwermineralgesellschaft nur mit Vorsicht und Erfahrung möglich machen. Als Beispiel dafür möge der Beitrag H. WIESENEDERS (1958) zur Lithogenesis des Matzener Sandes, des Hauptmuttergesteins der im Wiener Becken vermuteten Erdölvorräte, genannt sein.

Mit dieser Arbeit von WIESENEDER und MAURER ist wohl etwa der heutige Stand der sedimentpetrographischen Auswertung von Schwermineralanalysen erreicht und die Frage, ob diese Arbeitsmethode für Vergleichs- und Horizontierungszwecke verwendbar ist, kann positiv beantwortet werden, vor allem dann, wenn die Kombination und Variation der relativ stabilen Schwermineralien, wie Turmalin, Granat, Staurolith, Zirkon, Rutil und Disthen, beurteilt wird und das Auftreten der instabileren Schwermineralien, wie Hornblende, Pyroxen, Epidot und Apatit, entsprechend vorsichtig betrachtet wird.

Der 5. Internationale Kongreß für Sedimentologie (Genf und Lausanne 1958) brachte aber noch viele andere einschlägige Referate und Arbeiten, von denen einige genannt seien. H. FÜCHTBAUER (1958) benutzt in einer Studie über die Molasse des deutschen Alpenvorlandes die verschiedenen Farbvarietäten von Turmalin für die Lokalisierung ihrer Herkunft und verwendet neue Formeln mit qualitativen und quantitativen Aussagen für kartographische Darstellungen. Von G. TCHIMICHKIAN, J. REULET und A. VATAN (1958) liegt eine Studie über die sedimentologische Entwicklung der tertiären Serie von Bresse, mit Hilfe von Schwermineralanalysen der Fraktionen 0,07—0,6 mm studiert, vor. In diesen Molasseschichten sammelt sich der Detritus aus den Alpen, den Vogesen und dem Massif central, welche sehr charakteristische Mineralausbildungen und -gesellschaften einstreuen. Epidot-Zoisit gelten als „absolument characteristique de la province alpine“, für Staurolith werden die Ausbildungen „vermiculée“ (Massif central), „ordinaire“ (Alpen) und „corodée“ (Savoyen) festgestellt, die Hornblenden sind immer korrodiert und gelten als alpin.

Aus dem Rheingebiet liegen viele neuere sedimentpetrographische Arbeiten vor, welche die Schwermineralanalysen in den Mittelpunkt ihrer Untersuchungen stellen. J. FRECHEN und G. v. D. BOOM (1959) stellen zur Arbeitsmethode fest, daß in den Rheinsedimenten interessanterweise manchmal ein Schwermineralmaximum in der Fraktion 0,2—0,3 mm vorkommt, wenn auch, wie am Alpenostrand, das Maximum in der Fraktion 0,05—0,2 mm die Regel ist. Man dürfe aber die Schwermineraluntersuchungen nicht auf eine bestimmte Fraktion beschränken, weil sich die verschiedenen Mineralien bei langen Transporten sehr verschieden verhalten. Hornblende verschwindet wegen ihrer guten Spaltbarkeit rasch aus den gröberen Fraktionen, Granat wird stark abgeätzt, beide werden als „instabile“ Mineralien bezeichnet, während Epidot als verhältnismäßig stabil gilt. Wenn dies alles auch nicht mit den Verhältnissen am Alpenostrand übereinstimmt, so zeigt sich auch hier die Erkenntnis, daß bei der Qualifikation von Schwermineralspektren viele Faktoren berücksichtigt werden müssen.

R. Vinken (1959) studiert den Zusammenhang zwischen Eifelvulkanismus und Zusammensetzung der Terrassensedimente im Niederrheingebiet. Die Fraktionen von 0,04—0,4 mm werden in bezug auf Schwer- und Leichtmineralien untersucht. Wichtig die Beobachtung, daß manchmal nahe übereinanderliegende Proben eines Profils oder horizontal benachbarte Proben (10 cm Entfernung) oft große Unterschiede in der Schwermineralführung aufweisen, so z. B. etwa 8% gegenüber 40% Granat. Es wird dies auf die „Granularvariation" und die Transportart zurückgeführt, die wieder von der Korngröße, dem Ausgangsgestein, dem spez. Gewicht, der Kornform, dem Transportweg und der ursprünglichen Kornverteilung abhängen. Ob zusammenhängende Sedimente vorliegen oder nicht, mußte in solchen Fällen durch die fraktionierte Analyse ermittelt werden.

Eine sehr schöne Arbeit liegt von J.-P. Vernet (1958) über tertiäre und quartäre Sedimente der Westschweiz vor. Es werden die Schwermineralien und die Leichtmineralien (einschl. „Alterit") besprochen, Zusammenhänge zwischen Sedimentationsbedingungen, Variabilität der Mineralspektren und den Erosionsstadien in den Alpen studiert. Außerdem werden granulometrische Methoden besprochen und vor allem auch eine Reihe von französischen Arbeiten, die sich mit diesen Fragen befassen, gebracht.

W. Monreal (1959) verwendet die Schwermineralanalyse in einem Fall, wo die Schotteranalyse versagte, weil der Anteil an Quarzgeröllen in den einzelnen Terrassen zu stark schwankte, erst die Schwermineralspektren ließen eine Unterscheidung in ältere und jüngere Terrassen zu.

So zeigte sich überall dort, wo die Schwermineralanalyse kritisch verwendet wurde, daß damit ganz bestimmte Fragenkomplexe gelöst werden konnten.

Wichtig scheinen auch die Arbeiten, die in „Geologica Bavarica" über sedimentpetrographische und mineralogische Untersuchungen an Bohrkernen und Spülproben von Tiefbohrungen im bayrischen Molassegebiet erschienen sind. H. Füchtbauer (1955) beschäftigt sich mit den sedimentpetrographischen, einschließlich der Schwermineralien, Untersuchungen in der Molasse der Bohrung Scherstetten 1. W.-D. Grimm (1957) bearbeitete drei Molassebohrungen unter besonderer Berücksichtigung der Schwermineralanalysen von Spülproben, wobei besonders darauf hingewiesen wird, daß die Ergebnisse von Schwermineralanalysen bei dieser Methode leicht durch den sogenannten „Nachfall" verfälscht werden können.

Um diese Fehlerquelle auszuschalten, wurden im weiteren Verlauf aus dem Spülmaterial „authentische Gesteinsbröckchen" isoliert, die dann das Material für quantitativ und qualitativ einwandfreie Schwermineralanalysen ergaben. Vergleiche dieser Werte mit denen aus den Spülungen ergaben, daß im Oberen Molasseprofil die Werte, mit den beiden verschiedenen Methoden gewonnen, recht gut miteinander übereinstimmten, hingegen zeigten sich in den Proben aus den unteren Molasseprofilen große Unterschiede zwischen den mit Fehlern behafteten „Spülproben" und den aus den ausgelesenen Bröckchen gewonnenen.

M. Salger (1958) bringt eine Detailstudie über Bohrkerne aus den Kaolinsandsteinen von Hirschau-Schnaittenbach in der bayrischen Oberpfalz. Sehr feingegliederte Korngrößenanalysen und Beschreibung des Mineralbestandes, vor allem aber der Tonmineralien und ihrer Genese, kennzeichnen diese Arbeit. Aus den Schwermineralfraktionen werden Zirkon, Anatas, Turmalin und Rutil beschrieben, interessant ist der Mangel an undurchsichtigen Einzelkörnern, da sich die „opaken" Körner als nicht dispergierte Haufwerke von submikroskopischen Teilchen, vor allem von Anatas, erweisen.

Die Schwermineraluntersuchungen an Sedimenten des Oberpullendorfer Beckens

Um einen Vergleich der tertiären Sedimente mit den rezenten Bachsanden zu ermöglichen, wurden außer den über 70 Proben aus tertiären Sedimentkörpern auch 24 rezente Bachsande, meist aus dem westlichen Teil des Oberpullendorfer Beckens, untersucht. Neben diesen Vergleichen schien es mir auch wichtig, wie groß die Variationsbreite der heutigen Bachsande ein und desselben Einzugsgebietes ist, was durch Probenahmen zu verschiedenen Zeiten an der gleichen Stelle eines Bachlaufes bzw. aus verschiedenen Stellen eines Bachlaufes zu gleichen Zeitpunkten festzustellen versucht wurde.

Arbeitsmethode

Die Sandproben wurden durch Schlämm- oder Siebanalysen in mehrere Fraktionen zerlegt, von einer Anzahl Proben wurden auch komplette Korngrößenanalysen angefertigt. In der Fraktion 0,05—0,2 mm wurden mit Hilfe von Bromoform ($d = 2{,}92$) im Scheidetrichter die Schwermineralien abgeschieden. Karbonathältige Proben wurden vor dieser Trennung mit verdünnter

Salzsäure behandelt. Die verschiedenen, in der Literatur hin und wieder erwähnten Vorbehandlungen der Proben mit Ammoniak und anderen Laugen zum Reinigen der Einzelkörnchen wurden ebenfalls versucht, da sich aber bei den meisten Sanden dadurch keine Veränderung der Analysenwerte ergab, nur fallweise angewendet. Die isolierten Schwermineralien wurden als Summe gewogen, mit Canadabalsam die Pulver- bzw. Splitterpräparate hergestellt und unter dem Mikroskop mit Netzokular oder Fadenkreuzokular die Mengen und das Verhältnis der Schwermineralkörner (100 bis 500 Körner!) ermittelt. Biotit und Chlorit wurden bei den rezenten Sanden, da sie dort wesentliche Komponenten darstellen, immer mitgezählt und bei den tertiären Sanden meist beachtet.

Die Analysenergebnisse werden in Tabellen vorgelegt, die auch den Gesamtgehalt an Schwermineralien in der Fraktion 0,05 bis 0,2 mm und den Prozentgehalt der opaken Schwermineralien enthalten, mit denen ich mich aber nicht beschäftigt habe. Die graphische Darstellung der jeweils wichtigsten Schwermineralien erfolgt in einfachen Diagrammen, die Höhe der Felder ist proportional den Mineralkornprozenten.

Die rezenten Bachsande

Die Proben für diese Untersuchungen wurden hauptsächlich aus den westlichen Teilen des Oberpullendorfer Beckens genommen. Erstens, weil dort in der Rabnitz, dem Stoober Bach, dem Edlaubach usw. kräftige Gerinne mit entsprechender Sandführung vorhanden sind, und zweitens, weil diese Bäche direkt aus der kristallinen Umrahmung kommen und in ihnen daher eine charakteristische Mineralführung zu erwarten ist. Es zeigte sich auch bei der Untersuchung sehr bald, daß die wenigen, relativ wasserarmen Bäche im Ostteil der Landseer Buch ein anderes Schwermineralspektrum aufweisen, so daß z. B. der Nikitsch-Bach, der im Tertiär wurzelt, überhaupt nur die Mineralien der durchflossenen Tertiärsedimente führt.

Bezüglich des Gesamtschwermineralgehalts besteht zwischen den rezenten Bachsanden und den tertiären Sanden des untersuchten Gebiets ein deutlicher Unterschied. Die Bachsande enthalten im Durchschnitt 5,5% bei Werten von 8—10% im kristallinnahen, westlichen Bereich, während im kristallinferneren, östlichen Gebiet der Schwermineralgehalt bei 2—4% liegt. Ein Minimum von 1,1% wurde in einem unbenannten, kleinen Wasserlauf SW von Neutal, E von P. 351, gefunden, dessen Schwermineralspektrum zwar dem der benachbarten Bachsande entspricht, der aber vermutlich wegen zu geringer Transportkraft des kleinen Gerinnes so wenig Schwermineralien führt.

Die tertiären Sande hingegen haben mit einem Durchschnitt von 1,2 % einen wesentlich geringeren Schwermineralgehalt, diesen aber in ihren Gesteinskörpern sehr gleichmäßig verteilt. Das Maximum an Schwermineralien mit 4,6 % und das Minimum mit 0,1 % weisen interessanterweise die weißen Sande unter dem Basalt von Stoob in verschiedenen Proben auf (schlecht sortiert, siehe S. 108).

Daß man mit einer gewissen Konstanz der Sandzusammensetzung an denselben Stellen eines Bachlaufes auch über größere Zeiträume hinweg rechnen kann, zeigen die Probenpaare Nr. 1 und S_6 sowie S_{20} und 33. Zwei Jahre bzw. drei Monate liegen zwischen den beiden Entnahmen, sie wurden von verschiedenen Personen durchgeführt, trotzdem sind die Werte praktisch gleich: die Gesamtmenge der Schwermineralien, ihr Spektrum und der Anteil an opaken Mineralien. Die Proben Nr. S_{11}, S_{16}, S_5 und 32 vom Rabnitzbach zeigen andererseits wieder, wie in einem Bachabschnitt von etwa 600 m Länge die Spektren ebenfalls nur wenig variieren. Es wäre eine interessante Aufgabe, in einem Bach- oder Flußlauf systematisch diesbezügliche Studien zu machen, in unserem Fall aber war ich vor allem bemüht, möglichst durchschnittliche bzw. vergleichbare Proben zu erhalten, indem auf annähernd gleiche Korngröße der entnommenen Sande geachtet wurde. Die große Gleichmäßigkeit der Schwermineralspektren in Sanden aus verschiedenen Stellen desselben Flusses stellt auch P. Szabo (1959) in einer noch unveröffentlichten Dissertation über die Entwicklung des Flußnetzes im Wiener Becken und der ungarischen Tiefebene fest. Man kann also wohl mit Recht annehmen, es sei dazu auch auf die Tertiärproben Nr. 37a und 39 (beides Sande östlich von Oberpullendorf, Entnahmestellen etwa 100 m voneinander entfernt, Schwermineralspektren praktisch ident) verwiesen, daß Sedimentproben, welche einigermaßen kritisch und mit Vorsicht entnommen worden sind, durchaus imstande sind, für größere Bereiche oder Komplexe repräsentativ zu sein.

Die Rabnitzsande (Tab. 1) wurden im Gebiet von Dörfla entnommen, ein relativ hoher Granat-, Hornblende- und Epidot-Klinozoisit-Gehalt ist ihnen gemeinsam. Biotit und Chlorit sind ebenfalls häufig, während Turmalin und Zirkon stark bzw. fast ganz zurücktreten. Dies stimmt gut mit der umgebenden Gesteinsserie aus Granatglimmerschiefern, Quarziten, Amphiboliten und

SANDE DER RABNITZ

	S_{11}	S_{16}	S_5	32
Gran	31,4	18,1	22,7	23,2
Turm	3,2	1) 4,6	2) 5,1	3) 7,1
Ep-Kl	21,7	16,8	23,8	27,5
HB	22,6	26,1	25,6	28,5
Apat	5,8	6,2	4,3	6,o
Zirk	1,3	o,9	o,7	o,6
Biot	3,6	8,6	3,6	1,5
Chlor	8,4	15,2	13,1	4,8
Disth	1,3	1,3	1,1	o,6
Staur	o,2	o,2	-	-
Tit	o,2	o,9	-	-
Rut	o,3	1,1	-	o,2
	1oo,o	1oo,o	1oo,o	1oo,o
% SM	8,5	7,o	8,7	4,5
%opM	23,o	18,o	27,o	25,o

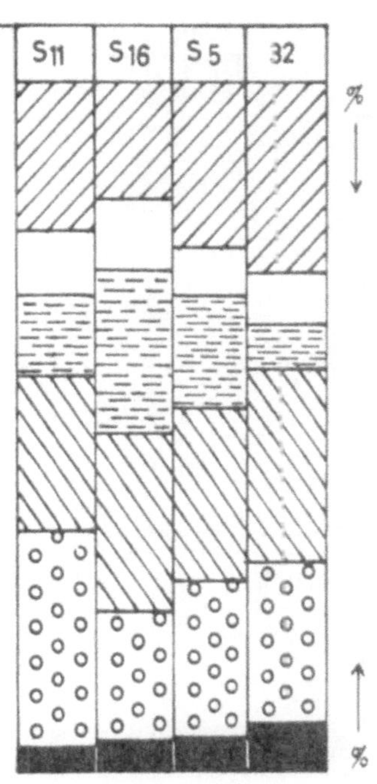

1) 5o%idiomorph
2) 6o% -"+
3) 65% -"-
dürfte aus Tertiär=schichten stammen.

Legende: ■ Turm | o o Gran | ⧅ HB | ▨ Ep-Kl | ☰ BiotChl

S_{11}	Rabnitzbach b.neuer Strassenbrücke Dörfl,vor Zusammenfluss mit dem Edlaubach
S_{16}	Rabnitzbach Dörfl,abwärts von neuer Brücke,Links
S_5	gleicher Fundort wie S_{16}, lo m abwärts, rechtes Ufer
32	Rabnitzbach Dörfl, 5oo m flussabwärts von S_5

SANDE DES EDLAUBACHES UND SEINER ZUFLÜSSE

	S_{15}	S_{12}	2	S_4
Gran	23,o	24,2	2o,2	51,2
Turm	7,3	4,7	15,4	3,9
Ep-Kl	13,6	21,6	27,5	12,8
HB	16,9	5,1	8,2	23,7
Apat	6,3	3,4	5,8	3,9
Zirk	1,3	o,7	1,6	o,3
Biot	14,7	7,o	9,5	2,3
Chlor	15,1	8,o	11,o	1,9
Disth	1,5	o,7	-	-
Staur	-	o,5	o,4	-
Tit	-	-	o,4	-
Rut	o,3	-	-	-
Basaltsand	-	22,7 x)	-	-
	1oo,o	1oo,o	1oo,o	1oo,o
% SM	4,o	8,3	4,9	5,o
%opM	47,6	56,o	49,2	4o,o

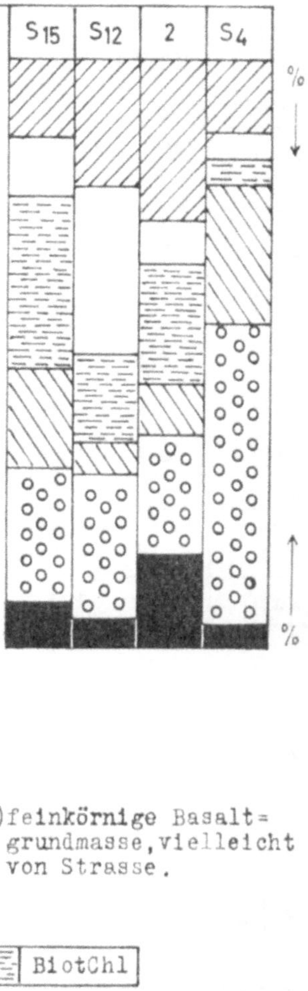

x) feinkörnige Basalt=grundmasse, vielleicht von Strasse.

Turm | o o Gran | HB | Ep-Kl | BiotChl

S_{15}	Sand, 3 km nördl. von Dörfl, südlich der Mühle
S_{12}	Sand, Ausser-Aubach, 5oo m SE Kaisersdorf
2	Sand, Ausser-Aubach, ca 5oo m NW Kaisersdorf
S_4	Sand, aus dem Dorfaubach, NE Weingraben

SANDE STOOBER BACH

	31	5	S_{19}	S_{14}
Gran	47,7	25,9	4o,4	22,6
Turm	3,o	1,o	2,2	o,3
HB	14,2	3o,o	26,1	39,7
Ep-Kl	27,4	25,1	15,8	13,2
Apat	4,4	6,5	6,6	7,9
Zirk	-	o,5	1,9	o,7
Biot	1,8	2,8	-	2,4
Chlor	-	3,3	2,2	1o,3
Staur	o,6	-	-	-
Disth	o,5	1,1	o,9	1,9
Tit	-	o,7	-	o,7
Rut	o,4	-	o,6	o,3
Pyrox	-	3,1	1,9 x) 1,4	-
	1oo,o	1oo,o	1oo,o	1oo,o
% SM	7,o	6,5	1o,o	1o,o
%opM	35,o	34,o	29,o	16,1

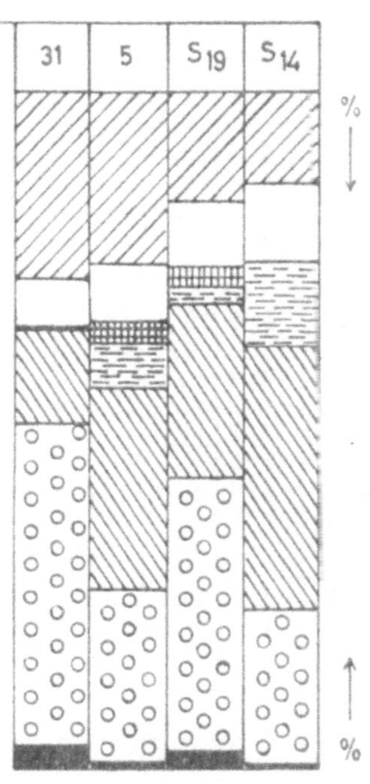

PYROXEN : Zonar gebauter Titanaugit, bei x)+ Diopsid

Turm | Gran | HB | Ep-Kl | BiotChl | Pyrox

31	**Sand, 4oo m nördl.Oberpullendorf**
5	**Sand, Talenge zwischen Neutal u. Stoob**
S_{19}	**Sand, 4o m nördl.Brücke zw.Neutal u.Schwabenhof**
S_{14}	**Sand, 1o m nördl.Strassenbrücke südl.Kobersdorf**

SANDE DER NEBENBÄCHE DES STOOBER BACHES

	S_{18}	S_3	S_6	1	S_{13}
Gran	42,9	9,1	9,5	1o,5	18,o
Turm	1,3	3,3	5,9	4,9	18,o
Ep-Kl	21,8	24,1	16,2	17,1	22,6
HB	17,5	18,4	52,5	49,9	2o,4
Apat	1,7	19,7	5,5	4,6	9,3
Zirk	o,9	-	-	-	4,1
Biot	2,1	1,6	-	6,o	2,7
Chlor	4,8	1,6	3,1		-
Staur	-	-	o,4	-	1,2
Disth	o,4	8,2	2,7	1,7	2,6
Tit	-	4,1	-	-	-
Rut	o,4	-	-	-	1,1
Pyrox	6,2	9,9	4,2	5,3	-
	1oo,o	1oo,o	1oo,o	1oo,o	1oo,o
% SM	1o,o	5,2	2,3	3,2	1,1
%opM	22,7	24,2	31,6	31,o	53,9

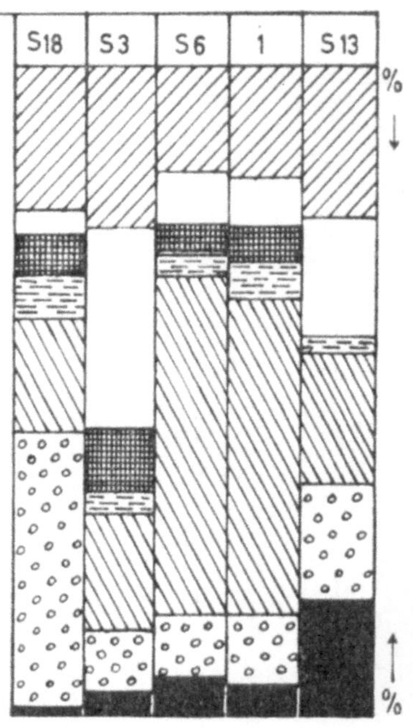

Pyroxen vor allem Titan-augit (oft zonar), etwas Orthaugite

Turm | o o Gran | HB | Ep-Kl | BiotChl | Pyrox

S_{18}	Mühlbach, vor Einmünd. in Stooberbach, SW Weppersdorf
S_3	Kohlgrabenbach, S von Ortschaft Lindgraben
S^6	Tessenbach, westl. Ortsausgang St. Martin, 1961
1	" , " " " , 1959
S_{13}	unbenannter Bach, SW Neutal, östl. v. P, 351

Chloritschiefern überein, während granitische Gesteine als Mineraleinstreuer in der nächsten Umgebung praktisch fehlen. Der Turmalin ist immer zu einem großen Prozentsatz, wie in den tertiären Sedimenten, gut idiomorph entwickelt, und man wird mit der Annahme kaum fehlgehen, daß er z. T. auch den umgebenden Tertiärsedimenten entstammt, während die unregelmäßigen Bruchstücke von Turmalin wohl aus den zwar nur in geringer Menge vorhandenen Pegmatiten der kristallinen Umgebung herrühren dürften. Der sehr geringe Staurolithgehalt dieser Bachsande stimmt mit dem Mangel an staurolithführenden Gesteinen in der Umgebung überein.

Der Edlaubach und seine Zuflüsse (Tab. 2) haben ähnliche Spektren, allerdings ist in den Sanden Nr. S_{12} und 2 der geringere Hornblendegehalt auffällig. Interessant ist das Auftreten von Basaltgrundmasse (Vielkornteilchen) in der Feinsandfraktion von S_{12} aus dem Außer-Aubach, welches aber dort als Einschwemmung von der benachbarten Straße erklärbar ist, um so mehr, als der Außer-Aubach im Gegensatz zum Stoober Bach und seinen Nebenbächen keine Mineralien vom Pauliberg führt. Rechnet man die sedimentfremden Basaltkomponenten aus der Analyse S_{12} heraus, so entspricht sie sehr genau der des Sandes Nr. 2, womit wieder auf die Ähnlichkeit der Sande desselben Gerinnes hingewiesen werden kann. Lediglich der hohe Turmalingehalt in Nr. 2 fällt etwas aus dem Rahmen, ist aber wohl nicht mehr als die Andeutung einer Seifenbildung. Die Sande des Außer-Aubachs führen gegenüber dem Edlaubach und dem Dorfaubach mehr Epidot-Klinozoisit und weniger Hornblende. Der Granatreichtum von S_4 (Dorfaubach) deutet entweder auf eine lokale Anreicherung hin, es könnten aber auch granatreiche Amphibolite im benachbarten Kristallin die Ursache sein, da auch der geringe Biotit- und Chloritgehalt dieses Sediments auf ein Zurücktreten der Glimmerschiefer gegenüber Amphiboliten im Einzugsgebiet schließen läßt.

Im Stoober Bach (Tab. 3) nördlich von Oberpullendorf sammeln sich die Sande aus seinem weiten Einzugsgebiet, das bis in die Sieggrabener Deckscholle im Norden reicht, den Basalt des Paulibergs umspannt und im Westen bis nach Landsee sich erstreckt. Die Sande aus seinen Nebenbächen (Tab. 4) enthalten die Pyroxene (zonarer Titanaugit und etwas Orthaugit) aus dem Basalt vom Pauliberg, nur die Probe S_{13} aus einem kleinen, unbenannten Zubringer des Stoober Bachs führt keinen Pyroxen, der hier offenbar durch den nördlich gelegenen Tessenbach abtransportiert wird.

Der hohe Hornblendegehalt des Tessenbachsandes (aus zwei Proben 53,5 % bzw. 49,9 %) und der relativ hohe Granatgehalt des Mühlbachsandes dürften auf die wegen des kurzen Bachlaufes geringe Sortierungsmöglichkeit und auf das Überwiegen entsprechender Herkunftsgesteine im Einzugsgebiet (Amphibolit bzw. Granatglimmerschiefer) zurückzuführen sein. Interessant ist auch, daß die Feinsandfraktionen der aus dem Pauliberggebiet kommenden Sande keine Grundmassekörner des Basalts enthalten, sondern nur typische Einkristalle von Pyroxenen, auch ein Beweis dafür, daß die Basaltkörnchen im Sand S_{12} (Außer-Aubach) Fremdkörper darstellen. Bei der Verwitterung des Basalts vom Pauliberg wird dessen feinkörnige Grundmasse offenbar bereits nach kurzer Zeit gründlich zerstört und eignet sich nicht für längere Wassertransporte.

Im Stoober Bach selbst scheinen sich zwischen Kobersdorf und Oberpullendorf in den Sanden einige Gesetzmäßigkeiten abzuzeichnen. Die Hornblende nimmt im großen und ganzen flußabwärts ab, Epidot-Klinozoisit nehmen zu. Auch Chlorit nimmt ab, und der Pyroxen, in der Nähe seiner Zubringer ein charakteristisches Schwermineral, wurde in zwei Sandproben, nördlich von Oberpullendorf entnommen, nicht gefunden. Es sollen aus diesen wenigen Proben keine weiten Schlüsse gezogen werden, aber die Tendenz zur Abnahme des Chlorit-, Hornblende- und Pyroxengehalts im Laufe des fluviatilen Transports entspricht durchaus der geringeren Widerstandsfähigkeit dieser gut spaltbaren Mineralien gegenüber der mechanischen Beanspruchung. Zu Einstreuungen aus den Basaltvorkommen von Stoob bzw. Oberpullendorf war es offenbar an den Probenahmestellen nördlich von Oberpullendorf noch nicht gekommen.

Parallel zum Stoober Bach, aber mit viel kleinerem Einzugsgebiet, verläuft östlich von ihm in einer flachen Talmulde der Gaberlingbach (Tab. 5), der hauptsächlich aus dem Tertiär (bis Sarmat) im Norden kommt, aber auch von dort noch etwas Sandmaterial aus den kristallinen Gesteinen bezieht. Dementsprechend ist der Hornblende- und Granatgehalt seiner Sande zwar immer vorhanden, aber relativ gering.

In den Bachsanden aus dem östlichen Teil der Landseer Bucht (Tab. 6) ist der Schwermineralgehalt durchschnittlich geringer als im Westen. Der Hornblendegehalt nimmt ab, der Turmalin zu, er ist regelmäßig, aber in geringen Mengen vorhanden. Selitza-, Raiding- und Grundwiesenbach kommen aus der nördlichen Umrahmung des Beckens und führen die Mineralien des dort anstehenden Kristallins und Tertiärs, wegen geringer Transportkraft der Bäche und Entfernung vom Ursprungsort bereits etwas aussortiert.

SANDE AUS DEM GABERLINGBACH

	S_{20}	33	S_1
Gran	11,6	12,0	12,2
Turm	3,0	4,1	13,4
Ep-Kl	74,9	65,4	47,2
HB	5,5	7,3	3,0
Apat	1,7	6,2	7,8
Zirk	-	0,5	2,0
Biot	-	1,0	0,6
Chlor	1,7	1,8	3,3
Staur	1,4	-	6,3
Disth	-	0,5	3,0
Tit	-	-	-
Rut	0,2	1,2	1,2
	100,0	100,0	100,0
% SM	5,0	6,0	2,2
%opM	30,0	32,0	50,7

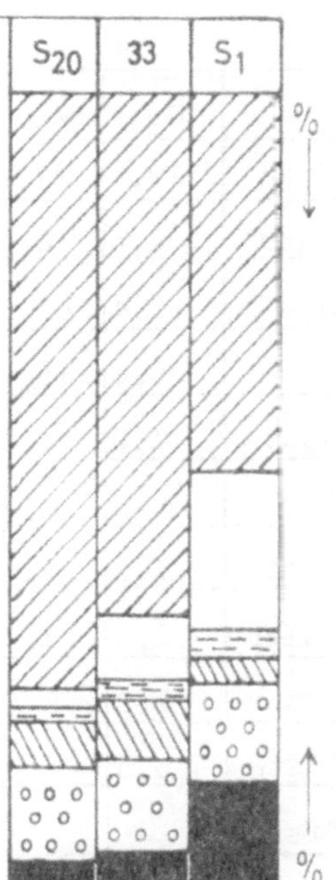

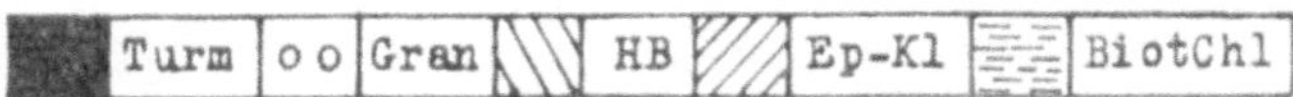

S_{20}	Sand, nördlich d.Strassenbrücke Weppersdorf - Lackenbach
33	Sand, gleicher Fundort, 3 Monate früher gute Vergleichbarkeit,Konstanz!
S_1	Sand, nördl.Strassenbrücke Oberpullendorf - Gross-Warasdorf

BACHSANDE, OSTTEIL LANDSEER BUCHT

	S_8	S_2	S_7	S_9
Gran	19,o	27,9	3o,2	27,2
Turm	9,o	6,o	5,6	3,1
Ep-Kl	53,4	41,6	47,o	39,3
HB	8,8	1o,7	6,1	-
Apat	1,3	5,1	5,1	6,o
Zirk	-	o,8	1,o	o,5
Biot	1,2	1,2	o,5	1,8
Chlor	1,3	1,7	1,o	-
Staur	1,2	1,7	1,o	13,2
Disth	3,8	2,5	-	6,5
Tit	-	-	-	-
Rut	1,o	o,8	2,5	2,4
	1oo,o	1oo,o	1oo,o	1oo,o
% SM	3,2	2,4	3,7	3,7
%opM	28,3	31,2	33,o	21,o

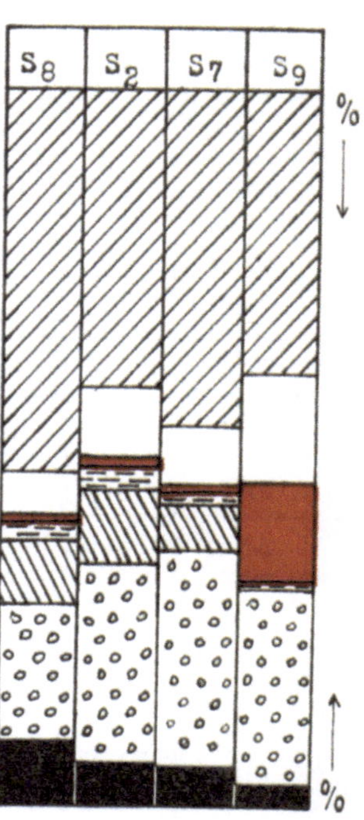

S_8	Selitzabach, 3oo m nördl.von Lackenbach
S_2	Raidingbach, 5oo m nördl.Grosswarasdörf
S_7	Grundwiesenbach, östlich von Lackendorf
S_9	Nikitschbach, Schlosspark von Nikitsch

SARMATISCHE SANDE

	3	4	5o	52
Gran	o,8	3,9	o,7	3,3
Turm	27,o	15,9	7,6	35,4
Ep-Kl	46,o	63,7	67,7	18,2
HB	-	-	-	-
Apat	21,1	8,5	13,3	13,2
Zirk	-	2,8	o,7	6,7
Biot	1,1	1,4	3,5	1o,7
Staur	-	-	1,8	1,o
Disth	o,3	o,3	1,2	1,8
Tit	-	o,5	-	-
Rut	3,7	3,o	3,5	9,7
	1oo,o	1oo,o	1oo,o	1oo,o
% SM	1,5	1,o	2,4	o,8
%opM	59,o	48,o	49,6	71,6

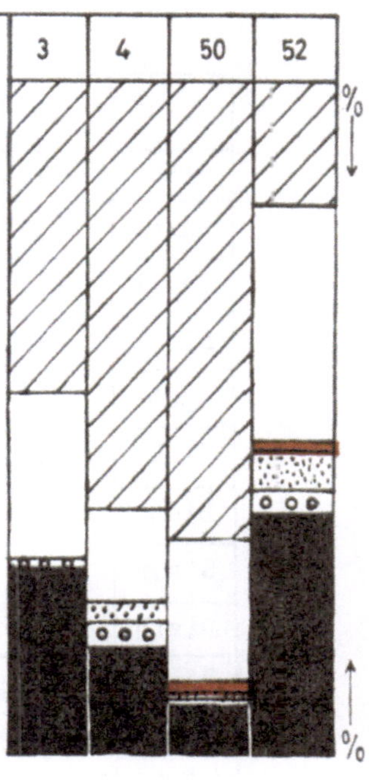

Turm | o o Gran | Zirk | Staur | Ep-Kl

3	Sand aus der Ziegelei St.Martin
4	Gelbl.Sand, Strasse zw.St.Martin und Kaisersdorf
5o	Rötl.-brauner Sand von Tschurndorf
52	Rotbrauner Sand, Nordende Drassmarkt,Kristallinnähe

VERMUTLICHE UNTERPANNONSANDE

	18	48	S_{22}	21	42	53
Gran	o,9	2,o	2,o	lo,2	4,1	15,3
Turm	14,6	2o,1	25,o	lo,2	12,2	12,8
Ep-Kl	74,7	47,8	59,o	48,3	57,1	36,8
HB	-	1,o	-	-	3,o	sp
Apat	7,4	7,6	3,o	18,4	9,2	17,5
Zirk	1,1	o,5	-	1,6	1,3	1,o
Biot	-	14,4	1,o	-	-	6,1
Staur	-	1,o	6,o	6,2	4,7	2,5
Disth	-	o,5	3,o	1,1	4,2	3,3
Tit	-	-	-	2,3	-	o,8
Rut	1,3	5,1	1,o	1,7	4,2	3,9
	loo,o	loo,o	loo,o	loo,o	loo,o	loo,o
% SM	o,6	o,8	o,4	3,o	1,o	1,o
%opM	58,5	56,3	48,4	57,4	62,o	4o,6

18	Feiner Sand, Weppersdorf,obere Serie
48	Heller Sand,Sandgrube östl.v.Lackenbach,nördl.Strasse
S_{22}	Heller Sand,südl.d.Strasse östl.von Lackenbach
21	Weppersdorf, tiefere Serie
42	Weisser Sand, Pannon östlich Schwabenhof *
53	Sand von Neckenmarkt

* Lokalität soll heißen: westlich Unterfrauenhaid

Eine Sonderstellung nimmt der Nikitschbach ein, aus dem eine Sandprobe vom Schloßpark in Nikitsch vorliegt. Sie ist hornblendefrei und führt neben Granat und Epidot-Klinozoisit als Besonderheit sehr viel Staurolith, der auch im umliegenden Tertiär häufig vorkommt. Der Nikitschbach entspringt in Tertiärschichten und bezieht auch sein Sandmaterial praktisch nur daraus. Sein Schwermineralspektrum ähnelt dem der umliegenden Tertiärsande.

Die tertiären Sande des Oberpullendorfer Beckens

Die Sande aus den Sedimentkörpern, welche nach Kümel (1936) und Küpper (1957) dem Sarmat entsprechen (Tab. 7), haben sehr wechselnden Turmalin- und Epidot-Klinozoisit-Gehalt, also kein sehr einheitliches Spektrum. Gemeinsam ist ihnen aber ein sehr geringer Granatgehalt, zum Unterschied von den heutigen Bachsanden oder z. B. den Sanden unter dem Basalt von Stoob. Der Zirkongehalt variiert von 0 % (St. Martin) bis 6,7 % im Sand von Draßmarkt. Letzterer, ein rotbrauner, feiner Sand, ist auch durch seinen überwiegend aus Kornbruchstücken bestehenden, starken Turmalingehalt und seinen hohen Biotitgehalt merkwürdig, so daß er unter den vier untersuchten Sarmatproben eine Sonderstellung einnimmt. Der Zirkon wird unter den Schwermineralien im allgemeinen als ein Merkmal für die Abstammung des Sediments aus verwittertem Granit (Claus, 1936) angesehen. Da die übrigen Sarmatproben und auch die vermutlich unterpannonischen Sandproben (Tab. 8, 9) sehr zirkonarm sind, kann angenommen werden, daß im Einzugsgebiet der im Sarmat hier sedimentierenden Gewässer wenig granitische Gesteine die Erdoberfläche bildeten und im Sand von Draßmarkt eher eine lokale Anreicherung von Zirkon und Turmalin vorliegt.

Eine Gliederung in unter- und oberpannonische Sande auf Grund der Schwermineralspektren ist im untersuchten Gebiet bis jetzt noch nicht mit absoluter Sicherheit möglich. Aus der Lagerung wird man aber annehmen dürfen, daß die Vorkommen von Weppersdorf (Nr. 18, 21), Lackenbach-Lackendorf (Nr. 48, S_{22}), Neckenmarkt (Nr. 53) und westlich von Unterfrauenhaid (Nr. 42) dem Unterpannon angehören (Tab. 9), wobei unter Umständen die Zuordnung von Nr. 42 fraglich ist. Sie alle haben einen sehr geringen Zirkon- und Turmalingehalt gemeinsam, bei wechselnden, aber ebenfalls geringen Granatwerten, mit durchschnittlich viel Epidot-Klinozoisit. Diese Spektren sprechen für eine Herkunft aus alpinem Kristallin mit sehr geringen Beimengungen von Schwermineralien aus granitischen Gesteinen.

Wichtig für die Frage nach dem Alter des Basalts von Stoob sind natürlich die Sedimente in seiner unmittelbaren Umgebung. Aus den ihn unterlagernden Schichten wurden fünf Sandproben (Tab. 10, 11) untersucht und ihr Durchschnitt (M_1), sie sind sich sehr ähnlich, ermittelt. Besonders charakteristisch für diese Sande ist ein relativ hoher Zirkongehalt, durch den sie sich von den unterpannonischen Sanden unterscheiden, und ein ziemlich großer Granatgehalt, während der Turmalin etwa in gleichen Mengen wie in den Unterpannonsanden vorkommt. Diesen Sanden unter dem Basalt gleichen vollkommen zwei Sande (Nr. 56, 57) weiter westlich aus dem Edlautal, die gemeinsam mit einem weißen Sand (Nr. 40) aus der Sandgrube hinter der katholischen Kirche in Stoob in Tab. 12 dargestellt sind[1]. Letzterer, nach der Lagerung wohl zur Serie unter dem Basalt gehörend, hat zwar keinen Granat, was auch lokale Ursachen haben könnte, wohl aber den hohen Zirkongehalt (starke Beteiligung von granitischen Detritus), den wir für diese Serie unter dem Basalt als besonders typisch annehmen möchten. Da die sehr kleinen Zirkonkörnchen im allgemeinen mehr Aussicht haben, in einem Sedimentkörper gleichmäßig verteilt zu werden, als die größeren Granatkörner, dürfte die stärkere Berücksichtigung des hohen Zirkongehaltes gegenüber dem Granatmangel für die Einordnung dieses Sediments in dieser Serie berechtigt sein. Jedenfalls liegen unter dem Basalt von Stoob ganz charakteristische Sande, welche ein ganz anderes Schwermineralspektrum aufweisen, als die, welche ihn bedecken.

Die Sande über dem Basalt (Tab. 13) haben weniger Granat und Zirkon, dafür aber viel mehr und sehr gleichmäßig Turmalin als die Sande unter dem Basalt. Der Staurolithgehalt ist unter und über dem Basalt im wesentlichen gleich und nicht sehr hoch. Interessant ist auch das Auftreten von etwas gemeiner, grüner Hornblende in den Sanden über dem Basalt, die hier in den älteren Sedimenten bisher nicht gefunden wurde. Diese Eigentümlichkeiten der Sande über dem Basalt von Stoob ist aber durchaus nicht nur auf seine engste Umgebung beschränkt, sondern es wurden von mir im weiteren Umkreis (Dörfl, Oberpullendorf-Großwarasdorf, Stoob, höhere Serie) acht weitere Sandproben

[1] Im Bereich der Sandgrube im Edlautal (Abzw. der Straße nach Draßmarkt), welche die Proben Nr. 56 und 57 geliefert hat, wurden im Sommer 1962 zwei weitere Proben, ein hellgrauer, kiesiger Sand und ein rötlichgrauer Sand, genommen und als Kontrolle auf ihren Schwermineralgehalt untersucht. Beide ergaben den gleichen, sehr geringen Schwermineralgehalt wie Nr. 56 und 57 (Tab. 12), darin den gleichen hohen Anteil an opaken Mineralien, vor allem aber entspricht die Verteilung von Granat-Turmalin-Zirkon (innerhalb der lokalen Variationsbreite) durchaus der in den bereits früher untersuchten Sanden.

VERMUTLICHE UNTERPANNONSANDE

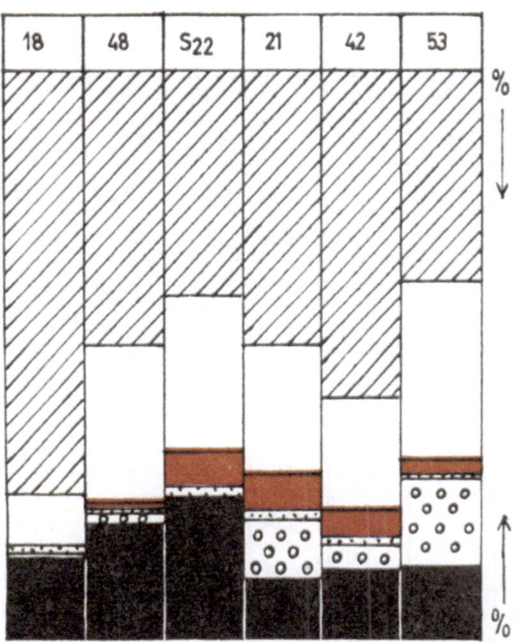

Gemeinsam ist geringer Zirkongehalt !

Turm | o o Gran | Zirk | Staur | Ep-Kl

18	Feiner Sand, Weppersdorf, obere Serie
48	Heller Sand, nördl.d.Strasse östl.Lackenbach
S_{22}	Heller Sand, südl.d.Strasse östl.Lackenbach
21	Weppersdorf, tiefere Serie
42	Weisser Sand, östlich v.Schwabenhof *
53	Sand von Neckenmarkt

* Lokalität soll heißen: westlich Unterfrauenhaid

SANDE UNTER DEM BASALT VON STOOB

	44	44a	6	19	23	M_1
Gran	22,1	18,3	13,3	2o,5	15,o	17,8
Turm	9,1	9,6	12,9	14,5	21,o	13,4
Ep-Kl	41,o	36,5	56,3	36,5	41,o	42,6
HB	-	1,o	sp	-	6,o	1,5
Apat	14,9	13,7	5,5	1o,7	6,o	9,5
Zirk	8,o	14,3	4,3	1o,6	7,o	9,o
Biot	-	-	-	-	-	-
Staur	3,3	5,5	2,8	2,8	2,o	3,3
Disth	-	-	2,2	2,6	-	1,o
Tit	-	-	-	-	2,o	o,4
Rut	1,6	1,1	2,7	1,8	-	1,5
	1oo,o	1oo,o	1oo,o	1oo,o	1oo,o	1oo,o
% SM	o,6	o,9	4,6	o,4	o,1	-
%opM	34,o	38,o	3o,o	44,5	42,5	

Gemeinsam ist relativ hoher Zirkongehalt

44	weisser Sand unter d.Basalt v.Stoob
44a	andere Probe von derselben Stelle
6	weisser Sand unter d.Basalt,südl.Aufschlüsse
19	gelblicher,etwas lehm.Sand,Südrand Basalt
23	Feinkies und Sand unter dem Basalt
M_1	Mittel aus den obigen Werten

SANDE UNTER DEM BASALT VON STOOB

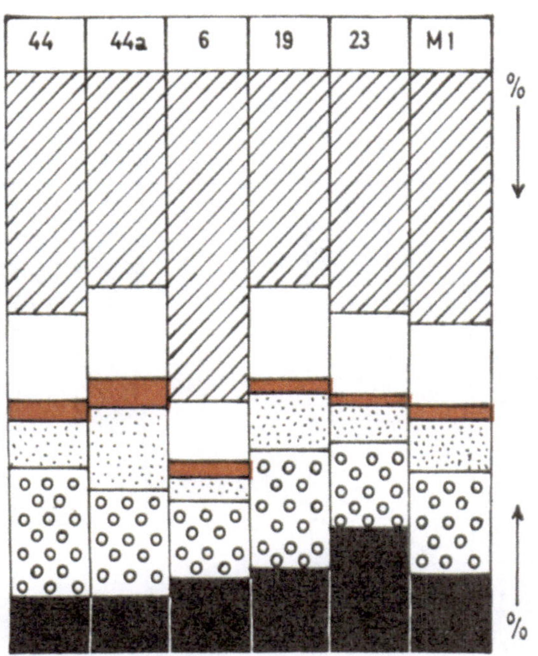

	Turm	o o	Gran		Zirk		Staur		Ep-Kl

44	weisser Sand unter d.Basalt von Stoob
44a	andere Probe von derselben Stelle
6	weisser Sand unter d.Basalt,südl.Aufschlüsse
19	gelblicher,etwas lehm.Sand,Südrand Basalt
23	Feinkies und Sand unter dem Basalt
M_1	Mittel aus den obigen Werten

SANDE, VERMUTLICH ENTSPRECHEND DER SERIE UNTER DEM BASALT

	4o	56	57
Gran	o,o	15,9	19,o
Turm	24,7	2o,2	23,4
Ep-Kl	34,9	24,4	16,9
HB	-	3,2	-
Apat	24,9	1o,8	13,2
Zirk	8,2	12,6	11,1
Biot	-	3,o	-
Staur	-	o,3	2,2
Disth	1,8	3,9	4,2
Tit	1,2	o,9	2,6
Rut	4,5	4,8	7,4
	1oo,o	1oo,o	1oo,o
% SM	o,5	o,9	o,2
%opM	66,7	77,o	79,o

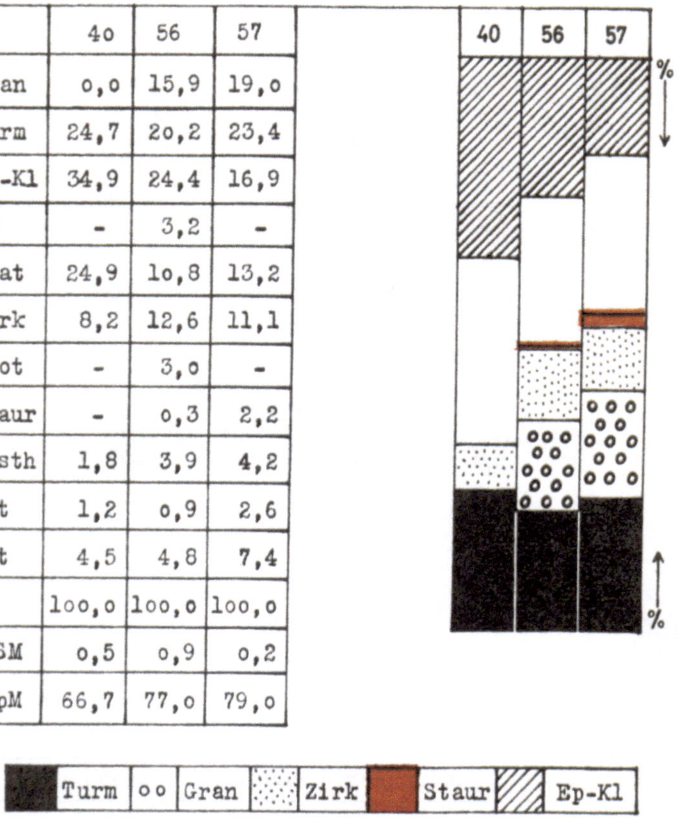

40 56 57 % %

Turm oo Gran Zirk Staur Ep-Kl

4o	Heller Feinsand, unterste Serie, kath. Kirche Stoob
56	Sandiger Lehm, Edlautal, Abzw. n. Drassmarkt
57	Heller Sand, Edlautal, der gleiche Aufschluss

SANDE UBER DEM BASALT VON STOOB

	24	25	43	M_2
Gran	3,8	4,2	3,o	3,7
Turm	35,8 o)	34,1 o)	32,o o)	33,9
Ep-Kl	36,8	44,5	36,o	39,o
HB	3,3 x)	1,o x)	-	1,4
Apat	6,9	4,2	12,9	8,o
Zirk	2,3	3,o	4,4	3,2
Biot	-	-	-	-
Staur	-	-	2,4	1,o
Disth	o,9	1,8	3,2	1,9
Tit	-	-	-	-
Rut	1o,2	7,2	6,1	7,9
	1oo,o	1oo,o	1oo,o	1oo,o
% SM	2,o	o,5	o,6	
%opM	69,o	59,o	67,o	

o) Beimeng.blau-farbloser Turmalin
x) gem.grüne Hornblende und Spuren Aktinolith

24	gelbbrauner Sand, 2oo cm über Basalt Stoob
25	gelblichbrauner Sand, 4o cm über " "
43	gelblichbrauner Sand, 2o cm " " "
M_2	Mittel aus den obigen Werten

VERMUTLICHE ÄQUIVALENTE DER SANDE ÜBER DEM BASALT VON STOOB

	16	17	45	55	39	37a	27	29
Gran	2,1	2,8	o,8	3,8	2,o	3,1	1o,6	3,7
Turm	33,3	39,5 x)	35,2 o)	35,9	35,o	33,6	48,o	34,6
Ep-Kl	2o,o	24,5	33,9	43,5	29,7	31,2	18,8	29,2
HB	sp	1,o	sp	1,o	1,o	-	sp	sp
Apat	18,3	12,4	7,1	1,6	12,1	1o,8	9,7	1o,8
Zirk	3,2	6,7	3,7	o,8	3,7	3,9	4,8	4,5
Biot	-	-	-	2,o	1,5	1,1	-	-
Staur	3,2	1,o	1,2	4,o	2,2	2,o	1,4	1,o
Disth	3,2	3,2	3,5	3,9	5,5	5,6	-	5,9
Tit	3,2	-	4,o	o,5	-	o,5	-	2,2
Rut	14,5	8,9	1o,6	2,o	8,3	8,8	7,7	8,1
Sill	-	-	-	1,o	-	-	-	-
	1oo,o	1oo,o	1oo,o	1oo,o	1oo,o	1oo,o	1oo,o	1oo,o
% SM	o,4	1,o	1,o	1,6	o,5	o,9	2,2	2,5
%opM	55,3	7o,o	61,o	67,9	78,o	72,o	76,8	78,8

x)teils idiomorph,graubraun,teils unregelm.Körner,braun
o)farblos - blau pleochroitisch,daneben brauner Turm.

16	grauer,feinkiesiger Sand,Oberpullendorf,ober d.Spital
17	weissgrauer, kiesiger Sand, " ,unter d.Spital
45	graugelber,feiner Sand, Dörfl N,Strassenserpentine
55	graubräunl.feiner Sand, Edlautal, 1 km NW Dörfl
37a	weisser Sand, E Oberpullendorf,Strasse n.Grosswarasdorf
39	ähnlicher Sand wie 37a, 5o m östlich davon
27	weissgrauer Sand, Sandgrube kath.Kirche Stoob, 3m üb.Niv.
29	weisser Sand,ebendort, ca. 4 m über Niveau

VERMUTLICHE ÄQUIVALENTE DER SANDE ÜBER DEM BASALT VON STOOB

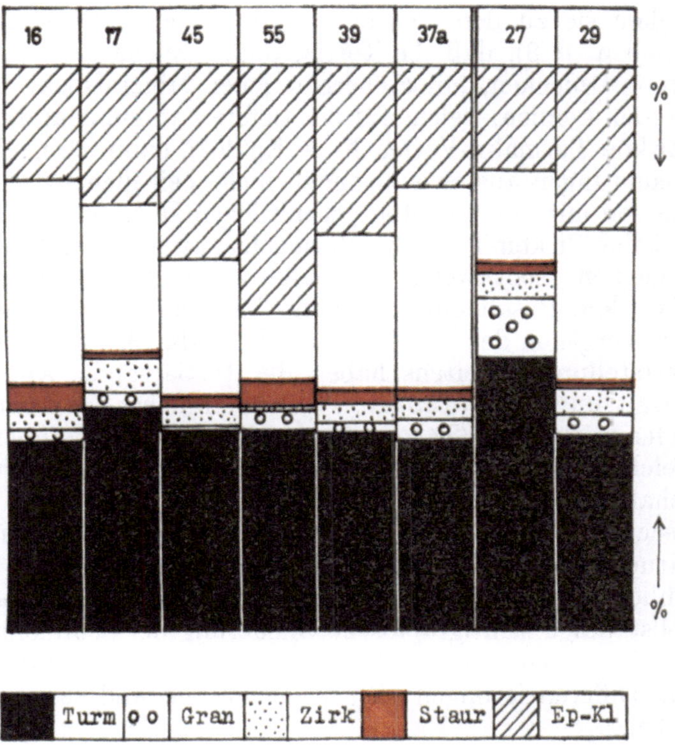

Turm | o o Gran | Zirk | Staur | Ep-Kl

16	grauer, feinkiesiger Sand, Oberpullendorf, oberm Spital
17	weissgrauer, kiesiger Sand, " , unter dem "
45	graugelber, feiner Sand, Dörfl N, Strassenserpentine
55	graubräunlicher, feiner Sand, Edlautal, 1km NW Dörfl
39	weisser Sand, E Oberpullendorf, Str. nach Grosswarasd.
37a	ähnlicher Sand wie 39, 5o m westlich davon
27	weissgrauer Sand, hinter kath. Kirche Stoob, 3m üb. Niv.
29	weisser Sand, ebendort, ca. 4 m über Niveau

(Tab. 14, 15) gesammelt, welche im wesentlichen dasselbe Schwermineralspektrum aufweisen. Damit ist gezeigt, daß es sich hier um einen ausgedehnten, über dem Basalt liegenden Komplex von Sedimenten mit gleicher Zusammensetzung handelt.

Welche Aussagen vermögen nun diese verschiedenen Sande unter und über dem Basalt über dessen Alter zu machen und wie stehen sie zu den Deutungen von KÜPPER (1957)? Der Angabe (s. oben, p. 8), daß die Tertiärsande, welche die Basaltzunge von Stoob bedecken, mit Sicherheit jenen Mineralspektren zugeordnet werden können, welche für das tiefere Pannon charakteristisch sind (Zirkon-Turmalin-Vormacht + Epidot), kann ich nach meinen Beobachtungen aus zwei Gründen nicht beipflichten. Erstens weisen die von mir untersuchten vermutlichen Unterpannonsande (Tab. 8, 9) keine Zirkon-Turmalin-Vormacht auf, es ist im Gegenteil im allgemeinen recht wenig Turmalin vorhanden, während die Sande über dem Basalt einen gleichmäßig hohen Turmalingehalt zeigen. Ein Vergleich der Tab. 8, 9 und der Tab. 13, 14, 15 bestätigt diese Feststellung. Zweitens haben die Tertiärsande, auf welchen die Basaltzunge ruht (Tab. 10, 11) kein ähnliches Spektrum wie die des tieferen Pannon (Tab. 8, 9), sondern sind von ihnen durch den gleichmäßigen Granat-, vor allem aber durch den höheren Zirkongehalt deutlich unterschieden. Auch dem „deutlichen Hinweis auf Verwandtschaft mit der mineralogischen Zusammensetzung der Sarmatproben" vermag ich mich, vgl. Tab. 7, nicht anzuschließen. Sicherlich ist aus den vorliegenden Analysen noch keine vollständige stratigraphische Gliederung der Sedimente im Bereich des Basalts von Stoob möglich, es zeichnen sich aber doch eine Reihe von Differenzierungen ab, welche uns instand setzen, Schlüsse zu ziehen.

Die Komprimierung der Sedimente unter und über dem Basalt (KÜPPER, 1957) auf tieferes Pannon (mit Verwandtschaft zu Sarmat bei den unterlagernden Schichten) ist nach den neuen Schwermineralanalysen wohl nicht aufrechtzuerhalten. Es ist eine größere Anzahl von verschiedenen Sedimenthorizonten erkennbar, als man bisher angenommen hatte und dies auf so engem Raum, daß fazielle Unterschiede unwahrscheinlich sind.

Die Gliederung kann man sich etwa, wie folgt, vorstellen. Auf die durch Fossilien belegte Sarmatserie folgen, der Lagerung nach wohl eindeutig, die unterpannonischen Sande von Neckenmarkt, Lackenbach, Weppersdorf usw. (Tab. 8, 9). Diese unterscheiden sich mineralogisch deutlich von den stratigraphisch höher liegenden Sanden unter dem Basalt von Stoob (Tab. 10, 11), welche auch westlich davon, im mittleren Edlaubachtal (Tab. 12) weitere

JÜNGERE SEDIMENTE

	9	47
Gran	15,3	1,9
Turm	16,6	9,7
Ep.Kl	42,o	58,1
HB	1,o	14,6
Apat	1o,6	9,9
Zirk	3,1	o,4
Biot	3,o	4,1
Chlor	-	
Disth	1,8	o,3
Staur	-	o,6
Tit	1,o	-
Rut	5,6	o,4
	1oo,o	1oo,o
% SM	o,3	2,4
%opM	54,o	32,5

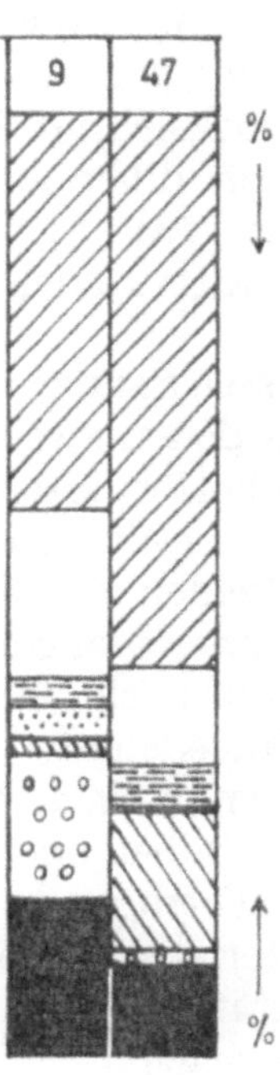

■	Turm	o o	Gran	▧	HB	⁙	Zirk	▨	Ep-Kl	☰	BiotChl

9	Pleistozäner, bräunl. Lehm über Terrassenschotter über dem Basalt von Stoob
47	Sand aus den Schottern über dem Basalt von Oberpullendorf

Äquivalente haben und dem Oberpannon entsprechen dürften. Darüber, und über eine von ihnen gebildete Landoberfläche mit roterdiger Verwitterungsdecke (A. WINKLER-HERMADEN, 1914), ergoß sich der Basalt von Stoob, welcher diese Roterden stellenweise deutlich gefrittet hat. Aus der geringen Seehöhe des Basalts von Stoob (ca. 250 m gegenüber Pauliberg 755 m) kann durchaus nicht auf höheres Alter des ersteren geschlossen werden. Es muß vielmehr die jungpliozäne Aufwölbung der Buckligen Welt, verbunden mit der Absenkung der Landseer Bucht (A. WINKLER-HERMADEN, 1957, p. 505), berücksichtigt werden. Über dem Basalt wurden als vierte, mineralogisch differenzierte Serie, jüngere, wohl dazische Sande sedimentiert (Tab. 13, 14, 15), in welchen, hier ein Zeichen für ihr geringeres Alter, auch Hornblenden als Schwermineralien aufscheinen.

Auf diesen Sanden lagern dann pleistozäne Schotter, Lehme und Sande, von denen zwei Schwermineralanalysen (Nr. 9, Lehm über Terrassenschotter Basalt Stoob, und Nr. 47, Sand aus den Schottern über dem Basalt von Oberpullendorf) durchgeführt wurden (Tab. 16). Beiden ist, wie den rezenten Sanden, der geringe Staurolithgehalt- bzw. Mangel gemeinsam und im Sand Nr. 47 wird das geringe Alter noch durch den hohen Hornblendegehalt (14,6 %) besonders angedeutet.

Bei allen meinen Untersuchungen an den tertiären Sanden wurden die Proben oberflächennahen Gesteinskörpern entnommen, wie sie der Petrograph und Geologe normalerweise aufgeschlossen findet. Material aus Bohrungen stand nicht zur Verfügung, was unter Umständen Schlußfolgerungen zwar erschwert, aber nicht unmöglicht macht.

Aus dem weiten Raum östlich von Oberpullendorf-Stoob bis an die ungarische Grenze, wurden eine Reihe weiterer Sandproben untersucht, die sehr interessante Ergebnisse brachten und in den Tabellen Nr. 17 und 18 dargestellt sind. KÜPPER (1957) bringt im Profil zu seiner geologischen Karte zum Ausdruck, wie das Pannon im Oberpullendorfer Becken nach Osten zunimmt, und gibt von der Straßenlinie Weppersdorf—Lackendorf—Deutschkreutz die Ergebnisse von Schwermineralanalysen (nach G. WOLETZ, leider nicht veröffentlicht) bekannt. Daraus folgt für diesen Bereich die Annahme einer tieferen Pannongruppe (Weppersdorf—Lackendorf) mit Turmalin-Zirkon-Vormacht und einer höheren Pannonserie mit Granat-Staurolith-Vormacht. Im östlichen Becken fand ich in den Sanden SE von Deutschkreutz klar ausgeprägt, die von G. WOLETZ bestimmte Schwermineralgesellschaft mit Granat-Staurolith-Vormacht, im westlichen Teil des Oberpullendorfer Beckens liegen aber

SANDE DES ÖSTL. OBERPULLENDORFER BECKENS

	22	51	34	35	36	41	S_{17}	54
Gran	13,5	24,9	15,2	13,5	29,o	35,5	3o,6	13,3
Turm	2,6	2,3	1,o	2,4	2,1	2,7	1,9	o,6
Ep-Kl	66,7	57,2	58,1	62,9	46,4	44,1	35,5	54,8
HB	-	-	-	-	-	-	1,5	sp
Apat	4,4	6,8	13,7	13,7	9,5	3,4	5,3	4,2
Zirk	3,1	o,5	-	-	-	o,5	o,6	1,2
Biot	1,2	1,3	1,o	1,3	-	1,1	o,4	-
Chlor	1,o	1,2	-	-	-			4,6
Staur	1,5	3,3	5,3	4,6	9,5	1o,7	12,7	14,1
Disth	3,9	1,5	4,5	1,6	2,8	2,o	1,9	3,6
Tit	-	-	-	-	-	-	-	-
Rut	2,1	1,o	1,2	-	o,7	-	o,6	3,6
	1oo,o	1oo,o	1oo,o	1oo,o	1oo,o	1oo,o	1oo,o	1oo,o
% SM	2,2	6,2	1,o	4,4	o,*	3,o	2,2	1,o
%opM	23,o	14,1	2o,o	22,5	22,7	2o,o	16,o	27,o

22	grauer Sand, 1 km nördl.Grosswarasdorf
51	grauer,feiner Sand, Sandgrube Westende Nebersdorf
34	grauer,feiner,glimmeriger Sand,zw.Kroat.Minihof Kleinwarasdorf
35	bräunlichgrauer Sand,südl.Nikitschbach,SE Nikitsch
36	grauer Sand, südl.v.Nikitsch,unter d.Strasse nach Marienhof
41	grauer Sand, a.d.Strasse zw.Kroat.Geresdorf u. Kroat.Minihof
S_{17}	weisslichgrauer Sand, SE Deutschkreutz
54	weissgrauer Sand,Strassenkehre südl.Deutschkreutz

* Soll heißen: 0,8

SANDE DES ÖSTL. OBERPULLENDORFER-
BECKENS

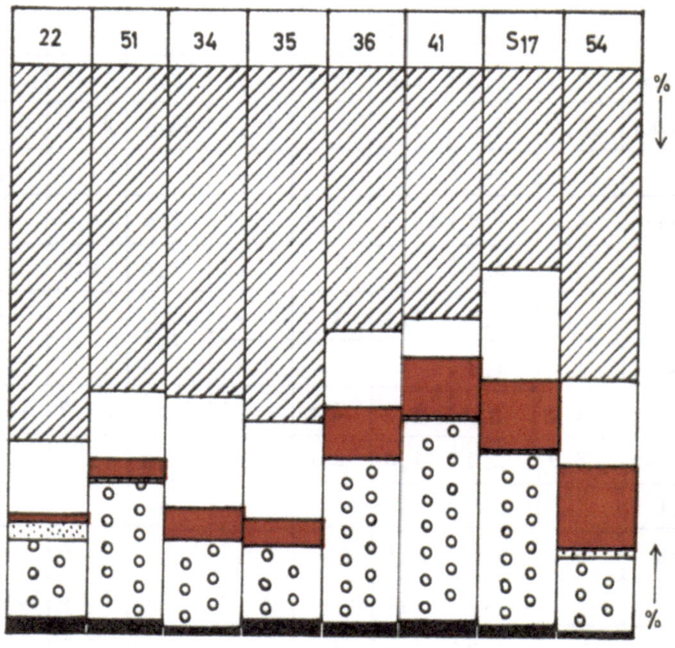

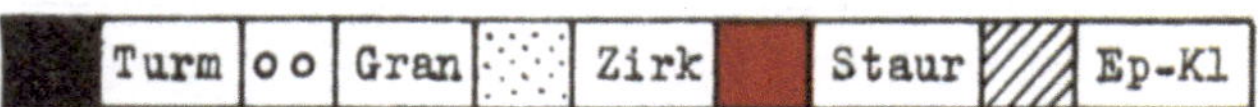

22	grauer Sand, 1 km nördl. Grosswarasdorf
51	grauer, feiner Sand, Sandgrube Westende Nebersdorf
34	grauer, feiner, glimmeriger Sand, zw. Kroat. Minihof und Kleinwarasdorf
35	bräunl.-grauer Sand, südl. Nikitschbach, SE Nikitsch
36	grauer Sand, der südl. Nikitsch, unter der Strasse nach Marienhof ansteht
41	grauer Sand, Strasse zw. Kroat. Geresdorf und Kroat. Minihof
S_{17}	weisslichgrauer Sand, SE von Deutschkreutz
54	weissgrauer Sand, Strassenkehre 4 km S Deutschkreutz

SANDE VON CSORGETÖ MAJOR

	CsM_1	CsM_2
Gran	6,9	15,1
Turm	4,3	2,7
Ep-Kl	63,3	51,6
HB	-	1,o
Apat	5,1	4,7
Zirk	1,4	1,7
Biot Chlor	11,3	4,5
Staur	6,1	18,o
Disth	1,1	o,7
Tit	-	-
Rut	o,5	-
	loo,o	loo,o
% SM	o,4	1,5
%opM	2o,o	23,o

■	Turm	oo	Gran	∴	Zirk	■	Staur	▨	Ep-Kl

CsM_1	feinkörniger, hellgrauer Sand, Csörgetö-major
CsM_2	ebenso

TONE AUS DER UMGEBUNG VON STOOB

	21a	49	26
Gran	54,4	5o,5	1,5
Turm	2,2	21,1	17,4
Ep-Kl	2o,6	5,7	31,4
HB	--	--	--
Apat	1o,3	9,3	14,9
Zirk	o,8	1,9	14,8
Biot	--	--	5,4
Staur	8,1	5,8	--
Disth	--	3,2	5,2
Rut	3,2	2,5	9,4
	1oo,o	1oo,o	1oo,o
% SM	o,o2	o,2	o,2
%opM	5o,o	61,1	58,o

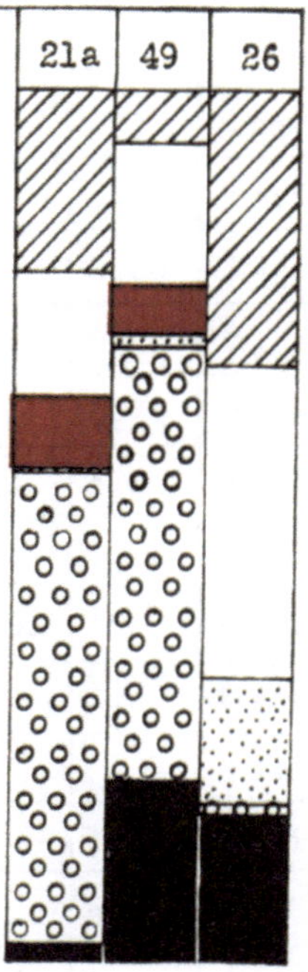

21a 49 26

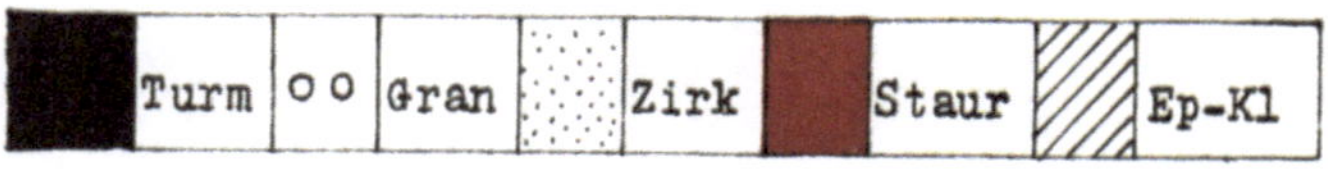

Turm | o o Gran | Zirk | Staur | Ep-Kl

21a	feiner,bentonitartiger Ton,Sportpl.W Großwarasdorf
49	Ton, Langental, 4 km östlich von Oberpullendorf
26	plast.Ton, Serie über dem Basalt,kathol.Kirche Stoob

die Verhältnisse, wie schon angedeutet, etwas komplizierter. Den Unterpannonproben fehlt in meinen Analysen der Zirkon, der, mit entsprechenden Turmalinmengen vergesellschaftet, erst für die jüngeren Sande, direkt unter dem Basalt von Stoob liegend, als typisch erkannt wurde.

Nun zeigt sich aber die Merkwürdigkeit, daß im östlichen Oberpullendorfer Becken der Schwermineralgehalt für die stratigraphische Einordnung der Sande kaum Anhaltspunkte geben kann, weil der Sedimentcharakter ab der Linie Nebersdorf—Großwarasdorf nach Osten und von Nikitsch bis Deutschkreutz (z. B. Nebersdorf, Großwarasdorf, Nikitsch, Deutschkreutz usw.) im wesentlichen derselbe ist. Es handelt sich um sehr feine, hellgraue Sande mit außerordentlich geringem Turmalingehalt, gleichmäßigem Granatgehalt und gegen Osten zunehmenden Staurolithgehalt, wie aus den Tabellen hervorgeht[1]. Auch ein gegen Osten zunehmender Karbonatgehalt (Tab. 19, 20) ist feststellbar. Diese charakteristischen, offenbar einheitlichen Sedimentationsbedingungen ihre Entstehung verdankenden Sande gehören im Norden (z. B. Nr. S_{17} und 54) dem Pannon an, weiter im Süden aber sind sie die direkte, streichende Fortsetzung der praktisch gleich zusammengesetzten Sande von Csörgetö-major (Tab. 19), für welche SZADECKY-KARDOSS (1938), p. 73ff., auf Grund von Rhinocerosfunden und Lagerungsvergleichen mit den pontischen, ebenfalls fossilführenden Schichten von Fertöszeplak dazisches Alter angegeben hat.

Diese Sandserie reicht mit unverändertem Mineralbestand (z. B. Probe Nr. 51) bis 5 km östlich von Oberpullendorf, auch der Sand nördlich von Großwarasdorf (Nr. 22) ist durch seinen Turmalinmangel noch ähnlich, führt aber Zirkon und weniger Staurolith. Es hat nach den vorhandenen Beobachtungen durchaus den Anschein, daß diese Sandfolge von Nikitsch—Kroatisch-Minihof—Nebersdorf, welche ja vollkommen der von Csörgetö-major entspricht, weiter im Westen faziell durch die zunächst feinen, weiter gegen W aber zunehmend von Schotterlagen durchsetzten Sande über dem Basalt von Stoob vertreten wird (Tab. 13, 14, 15). Um diese Frage sedimentpetrographisch ganz unzweifelhaft beantworten zu können, müßten vielleicht noch mehr Proben aus den Grenz- und Zwischenbereichen der beiden Fazies untersucht werden, wozu ich aber keine Möglichkeit hatte.

Als Abschluß der Schwermineraluntersuchungen wurden die Ergebnisse, die Mineralien Turmalin, Granat, Zirkon und Staurolith

[1] Eine im Sommer 1962 südöstlich von Nikitsch genommene Kontrollprobe eines hellen, feinkörnigen Sandes ergab vollkommene Übereinstimmung mit der Probe Nr. 36 (Tab. 17, 18).

betreffend, als einfaches Kreisdiagramm in ein Kartenbild eingetragen (Taf. 1). Bei dieser Darstellung heben sich die Unterpannonsande, die Sande unter und über dem Basalt, vor allem aber die Sande im Ostteil der Landseer Bucht sehr gut heraus. Der recht bunten Sedimentationsfolge im westlichen Beckenanteil steht die gleichförmige Schwermineralgesellschaft der Sande im östlichen Teil der Landseer Bucht gegenüber. Einer wechselvollen Sand- und Schwermineraleinstreuung aus dem benachbarten Kristallin am Westrand des Beckens muß ein ganz anderer Ablauf an ihrem Ostrand gegenübergestellt werden. Im Westen sind die Pannonsedimente teils grobschotterige Deltabildungen, teils Kiese mit mehr minder feinen Sanden wechsellagernd, jedenfalls Ablagerungen von Flüssen, welche, wie die Schwermineralspektren zeigen, aus dem nahen Kristallin des Rosaliengebirges, des Wechsels, des Masenbergs usw. stammen. Im Osten hingegen geben feinkörnige Sandserien, auf deren Ursprung noch eingegangen wird, den Sedimentkörpern das Gepräge.

Die Töpfertone von Stoob

Im Anschluß an die Analysen der Sande wurden der Vollständigkeit halber auch einige Schwermineralanalysen von Tonen dieses Gebietes durchgeführt. Die Töpfertone von Stoob, welche die Grundlage für dieses dort bereits sehr alte Gewerbe geben, und die damit zusammenhängenden Probleme sollen im Rahmen dieser Arbeit nur angedeutet werden. In der Tab. 20 sind die Schwermineralanalysen von drei Tonen mitgeteilt.

Es ist festzustellen, daß der Schwermineralgehalt dieser Tone erwartungsgemäß sehr gering ist, für die Analysen daher nur sehr wenig Material zur Verfügung stand und sie dementsprechend keinen sehr repräsentativen Einblick in die Sedimente gewähren. Sie müssen vorsichtig gedeutet werden, beweisen aber eine Einstreuung von Kristallinmaterial. Beim bentonitartigen Ton von Großwarasdorf (Nr. 21 a) fällt der geringe Turmalin- und der große Granat-Staurolith-Gehalt auf. Er fügt sich damit, unter Vernachlässigung seines Karbonatmangels gut in den Rahmen der östlichen Sedimente ein. Auch der Ton von Langental (Nr. 49) hat hohen Granatgehalt, aber mehr Turmalin bei mittlerer Staurolithführung. Der plastische Ton (Nr. 26) aus der Sandserie über dem Basalt von Stoob (hinter der katholischen Kirche von Stoob) hat ebenfalls hohen Turmalin- und Zirkongehalt, aber sehr wenig Granat, und damit Analogien zur westlichen Sedimentserie. Man kann also auch in den schwermineralarmen Tonen Parallelen zum Schwermineralgehalt der zugehörigen Sande finden, wenn man nur genügend Material für die Gewinnung der Schwermineralfraktion aus den Tonen verwendet.

F. Kümel (1939) beschreibt die Vorkommen von Töpferton westlich und östlich des Stoober Bachs und faßt sie in drei Gruppen (im obersten Sarmat, im untersten Pannon und im höheren Pannon des Gemeindewaldes liegend) zusammen. Auf Grund der sedimentpetrographischen Untersuchungen scheint aber die Auseinanderlegung der Schichten, in denen diese Töpfertone liegen (Serie der Sande über dem Basalt von Stoob), in sarmatisch, unterpannonisch und höherpannonisch kaum gerechtfertigt zu sein. Es taucht die Frage auf, ob diese Tone irgendwelche Verwandtschaft mit Bentoniten (Pettijohn, 1957, p. 332/33) haben, also etwa als Kraterseebildungen aus feinem, vulkanischen Tuffmaterial (A. Winkler-Hermaden, 1951) entstanden sein könnten. P. Wieden und W. J. Schmidt (1956) bearbeiteten den Illit von Fehring und betonen, daß er sich in keines der beiden Schemata Kaolin oder Bentonit einfügen lassen wolle und schließen sich im wesentlichen der Auffassung A. Winkler-Hermadens an, daß vulkanisches Lockermaterial im Verein mit umgeschwemmtem Sediment die Ausgangssubstanz für dieses eigenartige Gestein sei.

Da im Prinzip auch die Töpfertone von Stoob auf eine solche Bildung zurückzuführen sein könnten, wurden die von Kümel (1939) zitierten Analysen mit der des Illits von Fehring, einigen Illitanalysen (Jasmund, 1955, S. 162) und einigen Montmorillonitanalysen (Jasmund, 1955, p. 188) verglichen.

	1	2	3	4	5	6	7
SiO_2	54,75	57,28	41,60	51,22	54,01	53,02	53,50
Al_2O_3	22,14	24,40	21,66	25,91	26,81	18,50	21,57
Fe_2O_3	7,26	1,71	9,64	4,79	11,99	2,33	3,28
FeO	—	—	—	1,70	—	0,13	—
MnO	sp	—	—	—	—	—	—
MgO	0,92	sp	3,66	2,84	2,43	4,04	1,89
CaO	0,45	0,30	4,60	0,16	0,11	0,80	1,25
Na_2O	5,22*)	6,33*)	0,14	0,17	0,07	3,80	1,94
K_2O			5,71	6,09	4,78	0,16	1,04
TiO_2	0,62	0,66	—	0,53	0,64	0,13	0,11
H_2O-	3,08	3,67	8,26	1,45	2,33	11,69	15,20
H_2O+	5,78	5,79	4,73	7,14	8,03	5,44	

*) Na_2O+K_2O

1. Töpferton von Hofstätt (westlich vom Stoober Bach)
2. Töpferton von Siebengraben (Gemeindewald von Stoob)
3. Illit von Fehring
4. Illit, Pennsylvanian underclay, Fithian Vermilion Co, Illinois
5. Pennsylvanian Tonschiefer, Petersburg Menard Co, Illinois
6. Montmorillonit von Hector, Kalifornien
7. Montmorillonit von Osage, Wyoming

H. HOLZER (1960) nennt als Mineralkomponenten des Stoober Tons 30—40 % Kaolinit, 16—22 % Quarz, als Rest Muskovit, Illit, Montmorillonit (Nontronit) und Feldspat, woraus man allerdings auf seine Genese auch keine sicheren Schlüsse ziehen kann.

Die obigen Analysen zeigen, daß die beiden Töpfertone von Stoob sowohl zu den Bentoniten (Nr. 6, 7) als auch zu den Illiten (Nr. 3, 4, 5) gewisse Ähnlichkeiten zeigen. Mehr soll und kann aber hier nicht ausgesagt werden, erstens weil innerhalb der von JASMUND (1955) gebrachten vielen Analysenbeispiele sehr große Variationsbreite herrscht (die ich, um ähnliche Analysen bringen zu können, gar nicht darstellte), zweitens weil bei den Töpfertonen von Stoob die für solche Charakterisierungen sehr wichtige Trennung der Alkalien (Na_2O und K_2O) fehlt und drittens, weil diese Töpfertone einer wirklich modernen Untersuchung mit röntgenographischen und elektronenmikroskopischen Methoden unterzogen werden müßten, um die Frage ihrer Entstehung klären zu können. Es sei in diesem Zusammenhang auch auf die Studie von F. ANGEL (1954) über den Gossendorfit und die neuerschienene Arbeit von G. KOPETZKY (1961) über die Bentonitlagerstätte von Gossendorf verwiesen. Letztere enthält Mittelwerte aus vielen Bentonitanalysen, allerdings ohne Angaben über einen eventuellen Alkaligehalt zu machen.

Der Karbonatgehalt der tertiären Sande

Da sich bei der Untersuchung herausstellte, daß die östlichen Sande ziemlich starken Karbonatgehalt aufweisen, die westlichen hingegen nicht, schien eine generelle Überprüfung wünschenswert. Aus zeitlichen Gründen konnte nur der Gesamtkarbonatgehalt bestimmt werden, eine Trennung von Kalzit und Dolomit wurde nicht durchgeführt, sie wäre für das vorliegende Problem auch nicht ausschlaggebend gewesen. Es zeigen sich charakteristische Unterschiede zwischen den Sedimenten des westlichen und des östlichen Oberpullendorfer Beckens (Tab. 21 und 21a). Im Westen sind die

KARBONATBESTIMMUNGEN

aus tertiären Sedimenten des Oberpullendorfer Beckens

1.

Sarmat

r. 63	sandiger grauer Lehm, Ziegelei St. Martin	0,00 %
4	gelblicher Sand zwischen St. Martin-Kaisersd.	0,08
3	Sand aus der Ziegelei St. Martin	0,08
5o	rötlichbrauner Sand von Tschurndorf	0,2
52	rotbrauner Sand von Drassmarkt	0,08

Unterpannon

18	feiner, gelblicher Sand, Weppersdorf, hangend	0,12
48	heller Sand, östlich Lackenbach, nördl. Strasse	0,05
S22	heller Sand, " " , südl. "	0,08
21	feiner gelblicher Sand, Weppersdorf, liegen	0,06
42	weisser, kiesiger Sand, östlich Schwabenhof *	0,00
53	Sand von Neckenmarkt	0,04

Sedimente unter dem Basalt von Stoob

44	weisser Sand unter dem Basalt	0,00
44a	" " " " ", andere Probe	0,00
6	weisser Sand , südliche Aufschlüsse	0,05
19	gelblicher, etwas lehmiger Sand, Südrand	0,07
23	Feinkieslage unter dem Basalt	0,00
15	roterdige Unterlage des Basalts	0,68

Vermutliche Äquivalenter obiger Serie

4o	heller Feinsand, kathol. Kirche Stoob, tiefst	0,00
56	sandiger Lehm , Edlautal, Abzweigung Drassm.	0,00
57	heller Sand , Edlautal, gleicher Aufschluss	0,00

* Lokalität soll heißen: westlich Unterfrauenhaid

KARBONATBESTIMMUNGEN

aus tertiären Sedimenten des Oberpullendorfer Beckens

2.

Sande über dem Basalt

Nr.	Probe	%
24	gelbbrauner Sand, 200 cm über d. Basalt	0,03 %
25	gelblichbrauner Sand, 40 cm " "	0,15
43	gelblichbrauner Sand, 20 cm " "	0,03
47	Sandlage aus Kiesen über dem Basalt	0,05

Vermutliche Äquivalente obiger Serie

Nr.	Probe	%
16	grauer, feinkiesiger Sand, Oberpullendorf	0,08
17	weissgrauer, kiesiger Sand " "	0,05
45	graugelber feiner Sand, nördl. Dörfl	0,05
55	graubräunl. feiner Sand, 1km N Dörfl	0,07
37a	weisser Sand, östl. Oberpullendorf	0,06
39	ähnlicher Sand wie 37a, 50 m östlich	0,12
27	weissgrauer Sand, kath. Kirche Stoob, 3m ü. Niv.	0,02
29	weisser Sand, ebendort, 4 m über Niveau	0,05
67	Töpferton von Stoob (Bergwerk im Walde)	0,00
62	ähnlicher Ton, Sandgr. kath. Kirche Stoob	0,00

Sedimente des östlichen Oberpullendorfer Beckens

Nr.	Probe	%
22	grauer Sand, 1 km nördl. Grosswarasdorf	0,02
51	grauer, feiner Sand, Nebersdorf	12,00
34	grauer, glimmeriger Sand, Kroat. Minihof südl.	17,80
35	bräunl. grauer Sand, SE Nikitsch, südl. Bach	15,00
36	grauer Sand, südl. Nikitsch, unter d. Strasse	15,50
41	grauer Sand, Strasse Kr. Minih.-Kr. Geresdorf	10,90
S17	weissl. grauer Sand, SE Schloss Deutschkreutz	22,00
60	andere Probe vom gleichen Fundort	18,60
54	weissgrauer Sand, Serpentine südl. D. Kreutz	28,00
65	grauer Sand, südl. Nikitsch, tiefere Partie	14,80
CsM1	feiner hellgrauer Sand, Csörgetö major	22,00
CsM2	feiner hellgrauer Sand, Csörgetö major	20,50
61	tegelig-sand. Lehm, Hausaushub Grosswarasd.	25,50

untersuchten Sande und Kiese praktisch karbonatfrei, im Osten hingegen wurden Karbonatgehalte von 11—28 % festgestellt. Einer eventuellen Annahme, daß im Westen nur ältere Sedimente vorhanden seien, im Osten hingegen nur jüngere, würde dieser Karbonatmangel durchaus entgegenkommen, weil diagenetische Auflösungserscheinungen für ihn verantwortlich gemacht werden könnten. Daß aber diese Faustregel hier nicht ohne weiteres angewendet werden kann, zeigt ein Vergleich der beiden Proben Nr. 22 und 61 (Tab. 21a) aus dem Gebiet von Großwarasdorf, wo man mit Recht eine Verzahnung der westlichen und östlichen Fazies annehmen kann. Der unter der Talsohle anstehende tegelig-sandige Lehm Nr. 61 hat 25,50 % Karbonat, während der stratigraphisch höher liegende Sand Nr. 22 praktisch karbonatfrei ist, andererseits der Ton Nr. 21 wieder die östliche Schwermineralfazies aufweist. In der Tafel Nr. 2 ist die Karbonatführung der Sande in Diagrammen dargestellt. Die östlichen Sedimente fallen auch hier durch ihre andere Zusammensetzung auf. Ihr Karbonatgehalt ist größtenteils allothigen in Form von abgerundeten Körnchen der Größenordnung 0,01—0,3 mm vorhanden, daneben kommen aber in den verschiedenen Lagen der Sande auch Karbonate als autigen gebildetes Kittmaterial vor, welches zu festeren Lagen in den Sandkomplexen führen kann.

Korngrößenanalysen an Tertiärsanden der Landseer Bucht

Welche Aussagen vermögen Korngrößenanalysen zum Problem der Beckenfüllung zu leisten, bzw. was kann man aus ihnen bezüglich Zusammengehörigkeit von Sedimenten schließen? Über die Methoden und die Auswertung von Korngrößenanalysen liegt eine Fülle Literatur vor, auf welche hier nicht näher eingegangen werden soll; es seien nur wenige neue und wichtige Arbeiten genannt.

H. Wieseneder u. A. Kaufmann (1957) stellen in einer inhaltsreichen Arbeit den jetzigen Stand dieser Untersuchungsmethode dar und betonen, daß die wichtigsten Eigenschaften mechanischer Sedimente ihre Korngrößenverhältnisse seien. Sie befassen sich mit den Untersuchungsmethoden und den Korngrößenskalen nach Udden-Wentworth und Attenberg-Niggli (1905, 1935) und ziehen letztere vor, weil die Korngrößengrenzen 2 mm, 0,2 mm, 0,02 mm und 0,002 mm auch in der Praxis eine gewisse physikalische Bedeutung haben. Zur Darstellung der Ergebnisse werden die Histogramme (Rechtecke über Korngrößenintervall als Abszisse und Prozente als Ordinate), die Summenlinien (Summe der jeweiligen Siebdurchgänge) und die Häufigkeitskurven (direkte graphische Darstellung des Prozentgehalts bei möglichst kleinen Korngrößenintervallen oder erste Ableitung der Summenkurve) besonders genannt.

Eine der Gaußschen Fehlerkurve weitgehend angeglichene Form der Häufigkeitskurve ist nur möglich bei ungestörter Aufbereitung des Sediments, bei langsamem Erlöschen der Transportkraft des Wassers und bei Ausgangsgesteinen, die nach Struktur und Textur keine bevorzugten Korngruppen aufweisen (s. Beispiele Tab. 22). Zwei oder mehrere Maxima in der Häufigkeitskurve sind neben anderen Faktoren ein Hinweis auf das Vorhandensein von genetisch verschiedenem, unvollständig aufbereitetem Material (s. Beispiel Tab. 24). Unsymmetrische Häufigkeitskurven (nach rechts oder links von der Gaußschen Kurve abweichend) deuten darauf hin, daß ein bereits abgesetztes Sediment von einer schwachen Strömung wieder aufgearbeitet und in ein Rückstandssediment und ein Auswaschungssediment zerlegt worden sind.

Als Maßzahl hiefür kann der Symmetriekoeffizient nach TRASK (PETTIJOHN, 1947, KÖSTER, 1960)

$$sk = \frac{Q_1 \cdot Q_3}{M^2} \quad (\text{TRASK})$$

dienen, in welchem Q_1 der Korndurchmesser bei 75% Siebdurchgang, M der bei 50% und Q_3 der Korndurchmesser bei 25% Siebdurchgang sind. Eine Maßzahl für die Sortierung der Sande ist der Sortierungskoeffizient nach TRASK (KÜSTER, 1960)

$$S_0 = \sqrt{\frac{Q_3}{Q_1}}$$

welcher nach LEMCKE, v. ENGELHARDT und FÜCHTBAUER (1953) eine gewisse Abgrenzung von Meeressanden ($S_0 = 1{,}1$—$1{,}2$), Strombettsanden ($S_0 = 1{,}2$—$1{,}9$) und Überflutungs- und Stillwassersanden mit $S_0 > 2{,}0$ ermöglicht.

Aus der Gruppe der östlichen Sande liegen neun Korngrößenanalysen vor. Es wurden der Sand Nr. 60 (südöstlich Deutschkreutz), der Sand Nr. 36 (südlich von Nikitsch unter der Straße) und die beiden Sande von Csörgetö-major genauer untersucht, während von den übrigen Sanden (Nr. 51, 34, 35, 41, 54) nur wenige Fraktionen bestimmt wurden (Tab. 22).

Aus den vier ersten Analysen ergeben sich die Summenlinien und Häufigkeitskurven dieser Sande. Die Summenlinien der beiden ungarischen Sande zeigen eine etwas geringere, mittlere Korngröße (0,12 bzw. 0,14 mm) als die beiden österreichischen Sande Nr. 36

Additional material from *Untersuchungen an Schwermineralspektren und Kornverteilungen von quartären und jungtertiären Sedimenten des Oberpullendorfer Beckens (Landseer Bucht) im mittleren Burgenland,*

ISBN 978-3-662-22862-3, is available at http://extras.springer.com

K O R N G R Ö S S E N A N A L Y S E N

der östlichen Sandgruppe des Oberpullendorfer Beckens

mm	60	36	CsM_1	CsM_2
>0,75	0,05	1,0	0,1	0,0
0,6 - 0,75	0,11	0,6	0,1	0,1
0,5 - 0,6	0,30	2,9	0,1	0,1
0,4 - 0,5 }	22,88	13,2	1,1	0,9
0,3 - 0,4 }		20,0		
0,2 - 0,3	54,20	25,7	0,4	15,8
0,1 - 0,2	14,40	24,7	68,8	65,1
0,075-0,1	2,20	3,3	22,6	10,7
0,06-0,075	0,74	1,9	1,2	2,8
0,05- 0,06				
0,02- 0,05		1,7	1,4	1,2
0,01- 0,02	5,12	1,0	1,2	1,1
<0,01		4,0	3,0	2,2
	0,00			
	100,00	100,0	100,0	100,0

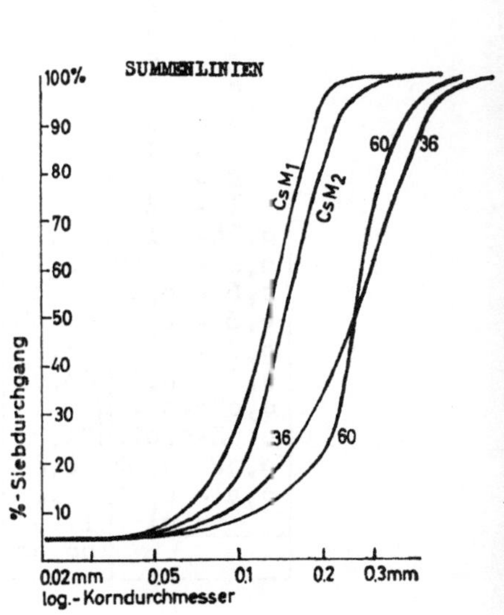

HÄUFIGKEITSKURVEN

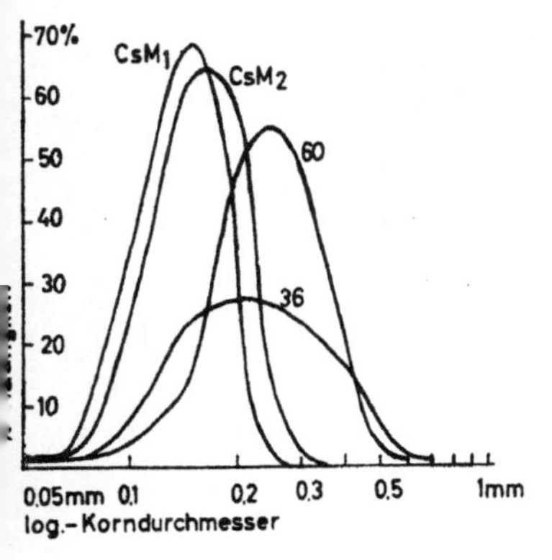

mm	34	35	41	51	54
>0,2	35,75	2,5	29,9	14,0	10,0
0,05- 0,2	55,25	83,1	57,2	73,5	74,8
0,02-0,05	3,25	3,0	2,6	1,5	4,1
0,01-0,02	2,10	2,6	1,4	2,0	2,2
<0,01	3,65	8,8	8,9	9,0	8,9

34. Sand, nördl. Kroat. Minihof
35. " , südl. v. Nikitschbach
41. " , Kr. Gerersd.-Kr. Minihof
51. " , Nebersdorf
54. " , Serp. südl. Deutschkreutz

K O R N G R Ö S S E N A N A L Y S E N

von sarmatischen und unterpannonischen Sanden des westlichen Oberpullendorfer Beckens

	5o	64	21	42
lo mm			1,22	
9 - lo			o,91	
8 - 9			1,lo	
7 - 8			-	
6 - 7			1,95	
5 - 6			1,25	
4 - 5			2,41	
3 - 4			8,66	
2 - 3			o,47	o,6
1 - 2		o,26	31,26	2,9
o,75- 1	o,13	8,54	22,81	4,6
o,6 - o,75	o,1	12,84	8,16	6,2
o,5 - o,6	o,1	13,96	4,o5	lo,7
o,3 - o,5	o,55	31,83	5,38	35,3
o,2 - o,3	7,5o	14,1o	2,93	2o,2
o,1 - o,2	43,o	13,69	3,48	13,5
o,o75-o,1				1,3
o,o5-o,o75	24,5	2,44	2,o4	o,5
o,o2- o,o5	5,3			
o,ol- o,o2	2,2	2,34	1,92	o,6
o,ol	17,o			3,6
	loo,oo	loo,oo	loo,oo	loo,o

5o. sarmat.Sand von Tschurndorf
64. unterp.Sand Lackenbach-Lackendorf
21. " Sand Weppersdorf
42. "(?) Sand Schwabenhof *

	48	18	52	53
o,ol	5,2	o,78	8,2	16,6
o,ol-o,o2	o,5		8,o	6,3
o,o2-o,o5	1,7	o,67	6,5	12,3
o,o5-o,2	75,1	lo,9o	73,8	57,3
o,2	17,5	87,65	3,5	4,5
	loo,o	loo,oo	loo,o	loo,o

48.unterpann.Sand Lackenbach-Lackendorf
18. " " Weppersdorf
52.sarmatischer Sand Drassmarkt
53.unterpann.Sand Neckenmarkt

* Lokalität soll heißen: westlich Unterfrauenhaid

und 60, welche 0,23 mm mittlere Korngröße haben, sonst aber ist die Ähnlichkeit der vier Kurven auffallend. Noch besser zeigt die Häufigkeitskurve die Verwandtschaft dieser vier Sedimente, wobei nur Nr. 36 (Nikitsch) durch seine breitere Streuung der Korngrößen 0,1—0,5 mm eine geringe Abweichung aufweist. Alle vier Kurven haben ein Maximum mit gleichmäßigem Abfall der Kurven nach beiden Seiten, was, wie früher erwähnt, auf eine sehr gute Sortierung und auf Sedimentation aus langsam fließendem Wasser hinweist. Die Symmetriekoeffizienten und Sortierungskoeffiziente nach TRASK sind in nachfolgender Tabelle dargestellt:

	CsM_1	CsM_2	60	36
sk	1,05	1,01	1,09	1,03
S_0	1,27	1,27	1,20	1,47

Sie zeigen für alle vier Sedimente weitgehende Übereinstimmung, die Sande sind sehr gut sortiert und sind nach KÖSTER (1960, S. 142) als Strombettsande einzuordnen. Auf die graphische Darstellung der unvollständigen Korngrößenanalysen der östlichen Sande (Nr. 34, 35, 41, 51) wird verzichtet. Die Tabelle 22 (unten rechts) läßt aber erkennen, daß in den mittleren Korngrößen auch bei diesen Sanden nur ein Maximum vorhanden ist (abgesehen von einem größeren Anteil pelitischer Substanz), wenn dieses auch jeweils ein bißchen nach oben oder unten verschoben ist, also in der Häufigkeitskurve weiter rechts oder links stehen würde. Im Prinzip aber gleichen diese Sande den in den Kurven dargestellten durchaus, sie hatten dieselben Sedimentationsbedingungen.

Anders hingegen zeigen sich die Korngrößenverteilungen bei den westlichen Sedimenten. In der Tab. 23 werden die Korngrößenanalysen von sarmatischen (Nr. 50, Tschurndorf) und vermutlich unterpannonischen Sanden (Nr. 64, Lackenbach, Nr. 21, Weppersdorf, und Nr. 42, Unterfrauenhaid) dargestellt. Darunter die Sarmat- und Unterpannonsande, von denen nur grobe Analysen vorliegen. In der Tab. 24 sind die graphischen Darstellungen dieser Sande gebracht.

Die Kurven zeigen, daß der Sand von Unterfrauenhaid (Nr. 42) und der von Lackenbach (Nr. 64) im wesentlichen dieselben Absatzbedingungen hatten. Die Korngrößenverteilungen stimmen weitgehend überein, beide Häufigkeitskurven haben nur ein Maximum, fallen aber nach rechts (größerer Korndurchmesser) etwas steiler ab, zeigen also gegenüber der gleichmäßigen Kornverteilung einen Mangel an feineren Fraktionen, sie tendieren zur Kategorie der

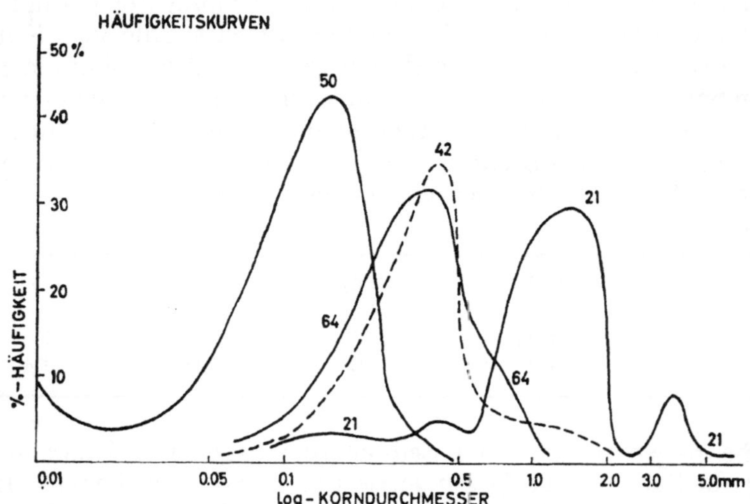
HÄUFIGKEITSKURVEN
50 %
40
30
20
10
%-HÄUFIGKEIT
50
42
21
64
64
21
21
0.01
0.05
0.1
0.5
1.0
2.0
3.0
5.0mm
log-KORNDURCHMESSER

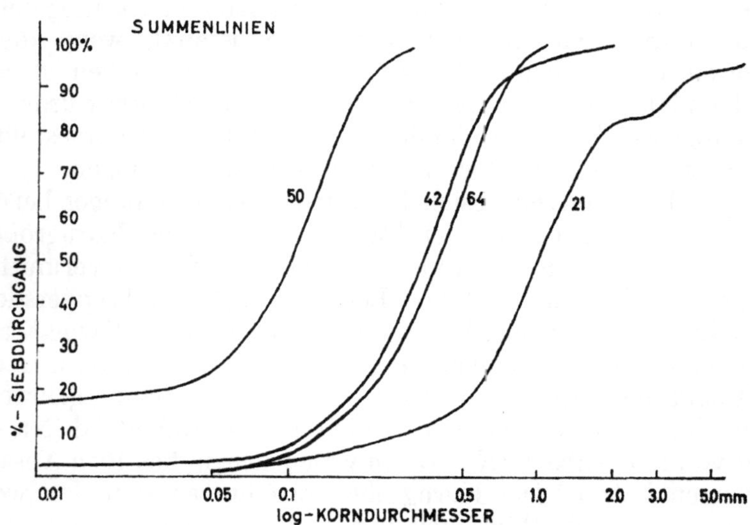
SUMMENLINIEN
100%
90
80
70
60
50
40
30
20
10
%-SIEBDURCHGANG
50
42
64
21
0.01
0.05
0.1
0.5
1.0
2.0
3.0
5.0mm
log-KORNDURCHMESSER

K O R N G R Ö S S E N A N A L Y S E N

von Sanden unter und über dem Basalt von Stoob

	6	44	57	45
lo mm			3,3o	1,1o
9 - lo			o,6o	o,3o
8 - 9			o,5o	-
7 - 8			1,61	o,12
6 - 7			1,86	o,o4
5 - 6	0,2		2,o7	o,o8
4 - 5		o,17	3,68	o,1o
3 - 4	o,5	o,12	6,o5	o,82
2 - 3	o,8	1,23	1o,94	o,38
1 - 2	1,6	26,53	24,2o	11,23
o,75 - 1		14,2o	13,43	16,5o
o,6 - o,75	3,6	7,75	7,75	15,7o
o,5 - o,6		8,95	3,3o	11,3o
o,3 - o,5	46,5	18,23	5,1o	1o,7o
o,2 - o,3		4,97	3,85	6,oo
o,1 - o,2		6,44	5,38	5,9
o,o75- o,1		3,47	3,88	1,4o
o,o5 - o,o75	11,3	4,oo		
o,o2 - o,o5		1,o9	3,5o	1,7o
o,o1 - o,o2	35,5	1,o6		
o,o1		1,81		14,7o
	1oo,o	1oo,o	1oo,oo	1oo,oo

6. Sand unter dem Basalt von Stoob
44. " " " " " "
57. Sand Edlautal,Abzw.Drassmarkt
45. Sand, Serpentine bei Dörfl

	19	24	25	39	4o	43	56
o,o1	28,74	5,6o	18,5o	25,5o	7,3	1o,25	21,3
o,o1-o,o2				1o,1o	o,5	4,25	6,1
o,o2-o,o5	1,63	1,25	3,75	14,oo	o,7	3,25	2,6
o,o5-o,2	25,38	42,5o	4o,75	46,8o	79,7	63,5o	37,4
o,2	44,25	5o,65	37,oo	3,6o	11,8	18,75	32,6
	1oo,oo	1oo,oo	1oo,oo	1oo,oo	1oo,o	1oo,oo	1oc,oo

19. Sand unter dem Basalt von Stoob
24. Sand über dem Basalt " "
25. Sand " " " " "
39. Sand Strasse östlich v.Oberpullendorf
4o. Sand hinter d.Kathol.Kirche Stoob,tiefe Serie
43. Sand über dem Basalt von Stoob
56. Sandiger Lehm Edlautal,Abzw.Drassmarkt

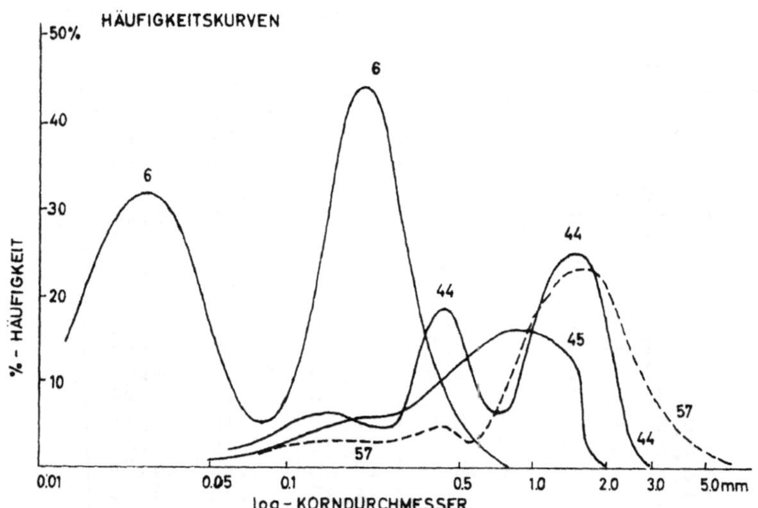
HÄUFIGKEITSKURVEN
50%
40
30
20
10
% - HÄUFIGKEIT
6
6
44
44
45
57
44
57
0.01
0.05
0.1
0.5
1.0
2.0
3.0
5.0mm
log - KORNDURCHMESSER

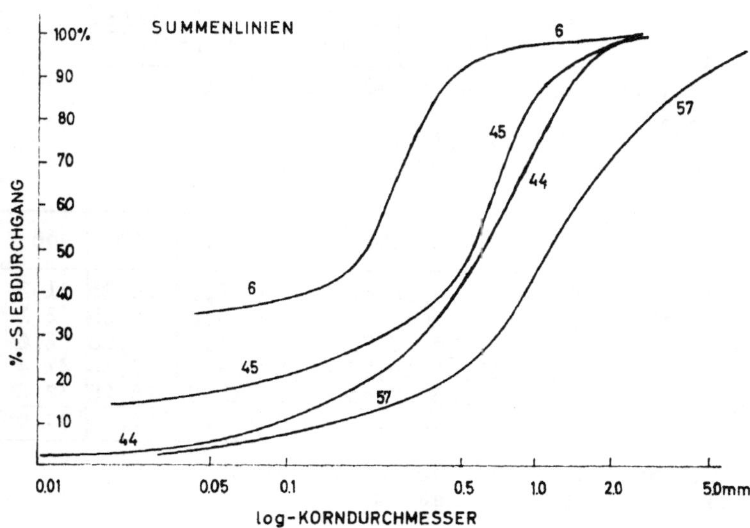
SUMMENLINIEN
100%
90
80
70
60
50
40
30
20
10
%-SIEBDURCHGANG
6
6
45
45
44
44
57
57
0.01
0.05
0.1
0.5
1.0
2.0
5.0mm
log-KORNDURCHMESSER

Auswaschungssedimente. Sie haben offenbar nach ihrer ersten Sedimentation noch eine gewisse Umlagerung mitgemacht. Der Sand von Tschurndorf (Nr. 50) hingegen enthält viel pelitisches Material (s. Summenkurve) neben einem Maximum an mittleren Korngrößen, also eigentlich zwei Maxima. Die Ursache hiefür ist nicht ganz sicher, Feinsandsedimentation und darauffolgende Absetzung der Schwebstoffe in einem strömungsarmen Randbecken könnten dieser Verteilung entsprechen. PASSEGA (1957) erklärt solche Kurven mit zwei oder mehr Häufigkeitsmaxima damit, daß die in Schwebe befindlichen Korngrößen ($< 0,1$) und die gröberen Fraktionen unabhängig voneinander transportiert wurden, was dem obigen Bild ebenfalls entsprechen würde.

Der Sand Nr. 21 von Weppersdorf zeigt eine noch größere Unruhe in der Korngrößenverteilung, sie dürfte durch eine Sedimentumlagerung, etwa durch Mischung von Ausgangssedimenten entstanden sein, denen bestimmte Korngrößen fehlten.

Als letzte Gruppe seien Sande unter, bzw. über dem Basalt bezüglich ihrer Korngrößenverteilung untersucht. Die Proben Nr. 44 und Nr. 6 (Sand direkt unter dem Basalt von Stoob), Nr. 57 (Sand derselben Serie, aber aus dem Edlautal, Abzweigung nach Draßmarkt) und ein Sand aus der Serie über dem Basalt von Stoob, Straßenserpentine nördlich von Dörfl (Nr. 45), wurden in viele Fraktionen aufgegliedert. Von den Sanden Nr. 17, 19, 24, 25, 39, 40, 43, 56 liegen nur Grobanalysen vor, welche ebenso wie die Feinanalysen in Tab. 25 dargestellt sind.

Die Feinanalysen ergeben wieder, in Tab. 26, die Summenlinien und Häufigkeitskurven dieser Sande. Die beiden Sande unter dem Basalt, es sind dies fast weiße, quarzreiche Sedimente, zeichnen sich durch zwei kräftige Maxima aus, so daß für sie die Möglichkeit, sie seien „in situ" abgelagerte Verwitterungsprodukte des unterliegenden Kristallins, woran ursprünglich gedacht wurde, ausscheidet. Wohl aber zeigen sich gewisse Ähnlichkeiten mit Quarzsanden, wie sie M. KIRCHMAYER (1961) aus dem Gebiet des Semmeringquarzits vom Pfaffensattel usw. beschreibt.

Für diese Vorkommen nimmt KIRCHMAYER an, daß dort lithische Quarzsande (PETTIJOHN, 1957, S. 291) „postdiagenetische und posttektonische Strömungsablagerungen" innerhalb des Semmeringquarzits seien, wobei diese Annahme vor allem durch das CM-Diagramm nach PASSEGA (1957, S. 1955) gestützt wird. Auf die Verwendung und Besprechung dieser offenbar sehr ausdrucksfähigen Darstellungsmethode muß in der vorliegenden Arbeit leider noch verzichtet werden, weil dazu eine größere Anzahl von entsprechenden Korngrößenanalysen vorliegen sollte.

Für die beiden Sande unter dem Basalt von Stoob (Nr. 6 und 44) ist Prof. Dr. A. Winkler-Hermaden der Ansicht, saß es sich zwar nicht um „in situ" gebildete quarzreiche Verwitterungssande des Kristallins unter dem Basalt handelt, aber doch etwa um Sedimente, welche durch Zerstörung des Kristallins (Quarzite, Glimmerschiefer usw.) der näheren Umgebung entstanden und an den verschiedenen Inselgruppen der oberpannonischen Meeresbucht sich als Brandungssande gebildet haben. Die Korngrößenanalysen würden dieser Deutung ebenfalls entsprechen, jedenfalls liegen in diesen Sanden keine gut sortierten, weit transportierten Sedimente vor.

Der Sand Nr. 45 von Dörfl (Serie über dem Basalt) erweist sich nach der Häufigkeitskurve als ein Rückstandssediment, während der Sand Nr. 57 aus dem mittleren Edlautal (Serie unter dem Basalt) weniger klar ausgeprägt ist, weil er neben einem starken Maximum auch noch ein schwächeres aufweist.

Herkunft der Beckenfüllungen

Für die westliche Sedimentgruppe ergibt sich aus dem Mineralbestand und aus der Tatsache, daß die Landseer Bucht im Jungtertiär ein meist vom Mattersburger Becken gesonderter Sedimentationsraum war, praktisch nur die Möglichkeit, das Füllmaterial aus dem Westen zu beziehen. Dafür spricht der Mineralbestand, dafür sprechen auch die Korngrößenuntersuchungen, welche bei allen diesen Sedimenten auf relativ kurze Transportwege mit geringer Sortierung der Korngrößen schließen lassen.

Das Sarmat ist vorwiegend feinkörnig, als Folge einer ruhigen Sedimentation, ohne besondere Niveauunterschiede im nahe gelegenen Hinterland. Es dürften kleine, lokale Bach- und Flußläufe gewesen sein, welche diese Sande einbrachten, womit auch die ziemlich starken Unterschiede im Mineralbestand der Sarmatproben erklärt werden könnten.

Die Pannonschichten, welche vom NW-Teil der Bucht untersucht wurden, leiten ihre Schwermineralbestände ebenfalls aus dem Kristallin her. Dasselbe gilt für die den Basalt von Stoob bedeckenden Schichten, für welche auch granitische und pegmatitische Gesteine sowie wohl auch turmalinführende kristalline Schiefer das Material lieferten, und die, wie die schotterigen und kiesigen Lagen in den Sanden zeigen, einer kräftigen Einströmung ihre Zufuhr in das Becken verdanken. Der manchmal hohe Turmalingehalt in den sarmatischen Sanden und der regelmäßig hohe in den jungen Sanden über dem Basalt ist wohl darauf zurückzuführen, daß zu diesen

Zeiten das Rosaliengebirge und sein Hinterland als Festland imstande war, Detritus zu liefern, während in der Zwischenzeit andere Verhältnisse herrschten.

Schwieriger ist es, die Entstehung der östlichen Sedimentfazies und ihre Mineralassoziationen zu erklären. Wie gesagt, schließen sich diese Sedimentkörper eindeutig an die von SZADECZKY-KARDOSS (1938, S. 70ff.) beschriebenen Serien an, über deren Schwermineralgehalt dort zwar keine Angaben gemacht werden, zu denen aber durch meine Analysen der Sande von Csörgetö-major die Verbindung hergestellt ist. Da diese Fragen von Prof. Dr. WINKLER-HERMADEN in seiner gleichzeitig vorgelegten Arbeit behandelt werden, sollen sie hier nur gestreift werden.

Es ist anzunehmen, wie auch die sedimentpetrographischen Untersuchungen zeigen, daß der Ostteil der Landseer Bucht aus einer langsam fließenden Strömung heraus mit überwiegend sehr feinen Sanden und anderen Sedimenten aufgefüllt wurde. Diese Strömung dürfte teils aus der Brucker Pforte (SZADECZKY-KARDOSS, 1938), teils aber auch, wie Schottervorkommen am Westrand des Kis-Alföld beweisen (Geröllzusammensetzung!), durch die Wiener-Neustädter-Ödenburger-Pforte in die Kleine Ungarische Tiefebene eingedrungen sein. Von den Schwermineralien ist es vor allem der Staurolith, dessen Herkunft geklärt werden müßte. Auf beiden Wegen könnte er einerseits als alpines Material, andererseits auch als moldanubisches Material in diese Sedimentkomplexe gelangt sein, wobei die Hundsheimer Berge (G. WESSELY, 1961) und das Leithagebirge, weil größtenteils damals überflutet, als Lieferanten wohl auszuscheiden sind. Es werden wohl noch weitere Untersuchungen in der Landseer Bucht und den benachbarten Gebieten notwendig sein, um diese Fragen eindeutig zu klären.

So füllte sich das Oberpullendorfer Becken allmählich und in mehreren Phasen mit Sedimenten, die aus dem angrenzenden Westen kamen oder aus dem Osten und Nordosten einströmten. Die Hauptzone der faziellen Überschneidung dieser beiden Sedimentgruppen dürfte heute etwa in der Linie Großwarasdorf—Horitschon liegen, die Unterschiede zwischen ihnen sind deutlich ausgeprägt, die verschiedene Herkunft ist nicht zu übersehen.

Schluß

Am Ende dieser Studie sei mir die Erfüllung einer Pflicht gestattet, nämlich dem Vorstand der Lehrkanzel für Mineralogie und Technische Geologie an der Technischen Hochschule Graz, Herrn Prof. Dr. A. WINKLER-HERMADEN, ergebenst zu danken. Er hat mich, der ich aus verschiedensten Gründen jahrelang keine Gelegenheit zu wissenschaftlichen Arbeiten hatte, zu dieser Arbeit angeregt, in großzügiger Weise sein Institut mit allen Hilfsmitteln zur Verfügung gestellt und durch sein ständiges Interesse, viele gemeinsame Exkursionen und zahlreiche Hinweise aus seiner reichen Erfahrung ihr Zustandekommen stets gefördert.

Auch den beiden Assistenten des Instituts, den Herren Dozenten Dr. Maurin und Dr. Ronner sei an dieser Stelle für manche organisatorische Hilfe und Anregung gedankt und nicht zuletzt Herrn Univ.-Prof. Dr. Haymo Heritsch für die freundliche Erlaubnis, die Bibliothek des Mineral. Petrogr. Instituts der Universität Graz benützen zu dürfen.

Abschließend darf ich der Österreichischen Akademie der Wissenschaften meinen Dank für gewährte Subventionen abstatten, welche mir die Studien im Gelände ermöglichten.

Literatur

ANDRÉE, H.: Die Schwermineralien der älteren oberbayrischen Molasse. N. Jb. f. Min. etz., Bl. B. 71 A, 1936.

ANGEL, F.: Die Entstehung des österr. Traß = Gossendorfit und seine Stellung im Gleichenberger Vulkanismus. Joanneum, Mineral. Mitteilungsblatt, Graz 1954.

ATTERBERG, A.: Die rationelle Klassifikation der Sande und Kiese. Chem. Ztg. 29, 1905, S. 195—198.

BURRI, C.: Sedimentpetrographische Untersuchungen an alpinen Flußsanden. I. Die Sande des Tessin. Schweiz. Min. Petr. Mitt. 9, 1929, S. 205.

CLAUS, G.: Schwermineralien aus kristallinen Schiefern des Gebiets zwischen Passau und Cham. N. Jb. f. Min., Beil. Bd. 71 A,

CZJZEK, J.: Geologische Verhältnisse d. Umgebungen Hainburg usw. Verh. Geol. R. A, 1852, S. 35.

EDELMAN, C. H.: Mineralogische Untersuchungen von Sedimentgesteinen. — Fortschritte d. Min. 15, 1931, S. 289.

— Over bloedverwantschap van sedimenten in verband met het zwaare mineralien onderzoek. Geologie en mijnbouw, 10, 1931 (Ref. Min. Petr. Mitt. 1931).

EDELMAN, C. H. u. DOEGLAS, D. J.: Reliktstrukturen detritischer Pyroxene und Amphibole. Tscherm. Min. Petr. Mitt. 42, 1932, S. 482.

— Über Umwandlungserscheinungen an detritischem Staurolith und anderen Mineralien. Tscherm. Min. Petr. Mitt. 45, 1934, S. 225.

FRECHEN, J. u. G. v. D. BOOM: Die sedimentpetrographische Horizontierung des pleistozänen Terrassenschotters im Mittelrheingebiet. Fortschr. Geol. Rheinl. u. Westfalen, 4, 1959, S. 89.

FREISE, Fr. W.: Untersuchung von Mineralien auf Abnutzbarkeit bei Verfrachtung im Wasser. Tscherm. Min. Petr. Mitt. 41, 1931.

FÜCHTBAUER, H.: Schüttungen im Chat und Aquitan der deutschen Alpenvorlandmolasse. Eclog. Geol. Helv., Vol. 51, No. 3, 1958, S. 928.
— Die sedimentpetrographischen Untersuchungen in der Molasse der Bohrung Scherstetten 1. Geologica Bavarica, No. 24, 1955, S. 44—51.
GRIMM, W. D.: Sedimentpetrographische Untersuchung der Molassebohrungen Schwabmünchen 1, Siebnach 1 und Rieden 1. Geolog. Bavarica, No. 33, 1957, S. 5—35.
GROVES, A. W.: The heavy minerals of the plutonic rocks of the Channel Islands. Geol. Mag. 64, 1927, S. 241 u. 457.
HOLZER, H.: Die Vorkommen von Erzen, Steinen und Erden im Burgenland. Burgenländ. Heimathefte, 22. Jahrg., Eisenstadt 1960.
JANOSCHEK, R.: Die Geschichte des Nordrandes der Landseer Bucht im Jungtertiär. Mitt. Geol. Ges. Wien 1931.
— Zur Geologie des Brennberger Hügellandes. Anz. Akad. Wissensch. Wien, 1932, 69. Jg., S. 2.
— Das Inneralpine Wiener Becken. In F. X. Schaffer, Geologie von Österreich, Wien 1951.
JASMUND, K.: Die silicatischen Tonmineralien, Weinheim a. d. Bergstr., 1955.
JUGOVICS, L. v.: Die Basalte des Pauliberg (Burgenland). Chemie der Erde, 12, 1939, S. 158.
KAPOUNEK, J.: Geologische Verhältnisse der Umgebung von Eisenstadt. Jahrb. Geol. B. A. Wien, 1938, S. 49.
KIRCHMAYER, M.: Beitrag zur Kenntnis des Semmeringquarzits, Steiermark, Österreich. N. Jb. Geol. Pal. Mh. 1961, S. 33.
KÖLBL, L.: Über die Aufbereitung fluviatiler und äolischer Sedimente. Min. Petr. Mitt. 41, 1931, S. 129.
— Sedimentationsformen tortoner Sande im mittleren Teil des Inneralpinen Wiener Beckens. Jahrb. Geol. B. A. Wien, 100, 1957, S. 115.
KÖSTLER, E.: Mechanische Gesteins- und Bodenanalyse. München 1960.
KRASCHENINNIKOW, Th.: Fazielle Untersuchungen der Schichtgesteine. Eclog. Geol. Helv., Vol. 51, No. 3, 1958, S. 666.
KÜMEL, F.: Aufnahmsbericht über das Blatt Ödenburg, tertiärer Anteil. Verh. Geol. B. A. Wien, 1936, S. 78, 1937, S. 70, 1938, S. 209.
— Untersuchungen entlang der Burgenländischen Nordsüdstraße. Verh. Geol. B. A. Wien, 1952, S. 57.
— Vulkanismus und Technik der Landseer Bucht im Burgenland. Jahrb. Geol. B. A. Wien, 1936, S. 203.
— Das Hafnerhandwerk von Stoob und seine geologischen Grundlagen. Verh. Geol. B. A. Wien, 1939, S. 209.
KÜPPER, H.: Erläuterungen zur geologischen Karte Mattersburg—Deutschkreutz. Geol. B. A. Wien, 1957.
KOPETZKY, G.: Die Bentonitlagerstätte von Gossendorf (Steiermark). Joanneum, Min. Mitteilungsblatt 2/1961, S. 46.
LADURNER, J.: Mineralführung und Korngrößen von Sanden aus dem Schlicker Tal (Bohrung) und Stubaital (Tirol). Jahrb. Geol. B. A., 1954, S. 323—336.
— Mineralführung und Korngrößen von Sanden (Höttinger Brekzie und Umgebung). Tsch. Min. Petr. Mitt. 5, 1954.

LADURNER, J.: Korngrößen und Mineralführung zweier Sande aus der Gnadenwalder Terrasse. Mitt. Geol. Ges. 48, 1955, S. 129–137.

LEMCKE, K., ENGELHARDT v., W., FÜCHTBAUER, H.: Geol. u. sedimentpetr. Untersuchungen im Westteil der ungefalteten Molasse d. südd. Alpenvorlandes. Beihefte d. Geol. Jahrb. H. 11, Hannover 1953 (aus KÖSTER, 1960).

MONREAL, W.: Gliederung der Terrassen im Venloer Graben und am Viersener Höhenrücken. Fortschr. d. Geol., Rheinl.-Westfalen, 4, 1959, S. 171–177.

NIGGLI, P.: Die Charakterisierung der klastischen Sedimente nach ihrer Kornzusammensetzung. Schweiz. Min. Petr. Mitt. 15, 1935, S. 31–38.

PAHR, A.: Ein Beitrag zur Geologie des nordöstlichen Sporns der Zentralalpen. Verh. Geol. B. A. Wien, 1960, S. 274–281.

PASSEGA, R.: Texture as characteristic of clastic depositions. Bull. Americ. Assoc. of Petrol Geologists 41, No. 9, 1957, S. 1952–1984.

PETTIJOHN, H.F.: Sedimentary Rocks, 2nd edition, New York 1947, S. 498–522.

PREY, S., RUTTNER, A., WOLETZ, G.: Das Flyschfenster von Windischgarsten innerhalb der Kalkalpen Oberösterreichs. Verh. Geol. B. A. Wien, 1959, S. 143.

SALGER, M.: Mineralogische und sedimentpetrographische Untersuchungen am Kaolinprofil der Bohrung Kick No. 9 bei Schnaittenbach/Opf. Geologica Bavarica, No. 37, 1958, S. 5–84.

SCHEIDHAUER, W.: Gravimetrische Auslesevorgänge bei der Sedimentation von Sanden. Chemie d. Erde, 12, 1939, S. 466.

SZABO, P.: Angaben zur Entwicklung des Flußnetzes im Wiener Becken und auf ungarischem Gebiet während des Quartärs, auf Grund von Schwermineralanalysen (unveröff. Dissertation, Universität Wien, 1959, S. 14).

SZADECZKY-KARDOSS, E.: Die Geologie der Rumpfungarländischen kleinen Tiefebene, Sopron, 1938.

TAUBER, A. F., KNIE, G., GAMS, H., PESCHECK, E.: Die artesischen Brunnen des Seewinkels im Burgenland (TAUBER, A. F.: Hydrogeologie d. Seewinkels), Beiträge zur Gewässerforschung, 1958, S. 228.

TCHIMICHKIAN, G., REULET, J. u. VATAN, A.: Etude pétrographique des materieux des quelques sondages profondes des Bresse. Eclog. Geol. Helv., 51, No. 3, 1958, S. 1093.

TOPERCZER, M.: Geophysikalische Untersuchung des Paulibergs bei Landsee. Sitz. Ber. Österr. Akad. d. Wiss. Wien, 1947, IIa 156, S. 335.

VENDL, M.: Geologie der Umgebung von Sopron, II. Sedimentgesteine des Neogen und Quartär. Erdeszeti Kiserletek, XXXII, 1930.

— Daten zur Geologie v. Brennberg und Sopron. Mitt. Berg- u. Hüttenm. Abt. d. Hochschule f. Berg- und Forstwesen, V/2, Sopron 1933.

VERNET, J.-P.: Etudes sédimentologiques et pétrographiques des Formations Tertiaires et Quarternaires de la partie occidental du Plateau Suisse. Eclog. Geol. Helv. 51, No. 3, 1958, S. 1115.

VINKEN, R.: Sedimentpetrographische Untersuchungen d. Rheinterrassen im östl. Teil der Niederrh. Bucht. Fortschr. Geol., Rheinl.-Westfalen, 4., 1959, S. 127–170.

WELLS, A. K.: The heavy minerals of the Intrusive Igneous Rocks. Geol. Mag. 68, 1931, S. 255.

WESSELY, G.: Geologie der Hainburger Berge. Jahrb. Geol. B. A. Wien, 104, 1961, S. 273.

WIEDEN, P. u. SCHMIDT, W. J.: Der Illit von Fehring. Tsch. Min. Petr. Mitt., 1956, S. 284–302.

WIESENEDER, H.: Die Verteilung der Schwermineralien im nördl. inneralpinen Wiener Becken und ihre geolog. Bedeutung. Verh. Geol. B. A. Wien, 1952, S. 207–222.

WIESENEDER, H.: Zur Lithogenesis d. Matzener Sandes. Erdölzeitschrift 74, 1958, S. 403–405.

WIESENEDER, H. u. KAUFMANN, A.: Zur Auswertung der Korngrößenanalysen von Sanden. Erdölzeitschrift 73, 1957, S. 214–219.

WIESENEDER, H. u. MAURER, J.: Ursachen der räumlichen und zeitlichen Änderung des Schwermineralbestandes der Sedimente des Wiener Beckens. Eclog. Geol. Helvet. 51, No. 3, 1958, S. 1155–1172.

WINKLER-HERMADEN, A.: Der Basalt vom Pauliberg bei Landsee. Verh. Geol. B. A. Wien, 1913.

— Über jungtertiäre Sedimente und Tektonik am Ostrande der Zentralalpen. Mitt. Geol. Gesellsch. Wien 7, 1914.

— Die Eruptiva am Ostrand der Alpen. Zeitschr. f. Vulkanologie 1, Berlin 1914.

— Über neuere Probleme der Tertiärgeologie im Wiener Becken. Cbl. f. Min. Geol. Pal., 1928, Abt. B.

— Die jungtertiären Ablagerungen an der Ostabdachung der Zentralalpen und das inneralpine Tertiär (in: F. X. SCHAFFER, Geologie von Österreich, Wien 1951).

— Geologisches Kräftespiel und Landformung, Wien 1957.

WOLETZ, G.: Die im Jahr 1947 durchgeführten Schwermineraluntersuchungen. Verh. Geol. B. A. Wien, 1948, S. 11.

— Schwermineralien von Klast. Sedimenten a. d. Bereich d. Wienerwaldes. Jahrb. Geol. B. A. Wien, 94, 1949–1951, S. 167–193.

— Bericht a. d. Labor. f. Sedimentpetrographie. Verh. Geol. B. A. Wien 1952, S. 8.

— (u. NOTH): Zur Altersfrage der Kaumberger Schichten. Verh. Geol. B. A. Wien, 1954, S. 145–151.

— Mineral. Unterscheidung v. Flysch- u. Gosausedimenten im Raum von Windischgarsten. Verh. Geol. B. A. Wien, 1955, S. 267–273.

— Schwermineralanalysen v. Gest. aus Helvetikum, Flysch und Gosau aus Salzburg, Oberösterr. und Niederösterr. Verh. Geol. B. A. Wien, 1954.

— Spezieller Bericht a. d. Labor f. Sedimentpetrogr. Verh. Geol. B. A. Wien, 1956, S. 123.

— Ber. a. d. Labor. f. Sedimentpetrographie: Über Beobachtungen am Nordsaum der Alpen. Verh. Geol. B. A. Wien, 1957, S. 111–112.

— Die Schwermineralanalyse als Hilfsmittel f. Prospektion und Stratigraphie. Verh. Geol. B. A. Wien, 1958, S. 172–182.

— Bericht über sedimentpetrographische Arbeiten im Jahr 1960. Verh. Geol. B. A. Wien, 1961.

ZADORLAKY-STETTNER, Nik.: Neue Schwermineralanalysen aus dem östlichen Wienerwald. Verh. Geol. B. A., Wien 1961, S. A. 113.

Die in den Sitzungsberichten Abtlg. I und Abtlg. II der math.-nat. Klasse der Österr. Ak. d. Wiss. erscheinenden Abhandlungen werden auch einzeln abgegeben. Sie können durch jede Buchhandlung oder direkt durch die Auslieferungsstelle der Österreichischen Akademie der Wissenschaften (Wien I, Singerstraße 12) bezogen werden.

Nachfolgende Abhandlungen aus dem Fache **Botanik** (Biologie) sind erschienen:

1956 (S I Bd. 165):

Abel W. O.: Die Austrocknungsresistenz der Laubmoose (mit 14 Abbildungen im Text und auf 5 Tafeln). S 73.30

Fetzmann Elsa Leonore: Beitrag zur Algensoziologie (mit 3 Textabbildungen, 4 Tafeln und 1 Beilage). S 73.60

Lenk Ingeborg: Vergleichende Permeabilitätsstudien an Süßwasseralgen (Zygnemataceen und einige Chlorophyceen) (mit 7 Textabbildungen). S 83.60

Sperlich A.: Die Fortpflanzungstüchtigkeit (Phyletische Potenz) des Fremdbefruchters. Nach Versuchen mit drei Formen des Alectorolohus hirsutus (Lam.) Alb. S 58.90

1957 (S I Bd. 166):

Politis J.: Über die „Tanninoplasten" oder Gerbstoffbildner der Crassulaceae (mit 2 Textabbildungen und 1 Tafel). S 6.—

Politis J.: Über einen neuen Pflanzenfarbstoff in den Blüten einiger Verbascum-Arten (mit 2 Tafeln). S 5.20

Übeleis Ilse: Osmotischer Wert, Zucker- und Harnstoffpermeabilität einiger Diatomeen (mit 1 Textabbildung). S 30.40

1958 (S I Bd. 167):

Höfler Karl: Permeabilitätsstudien an Parenchymzellen der Blattrippe von Blechnum spicant (mit 5 Textabbildungen). S 45.—

Rechinger K. H., Dulfer H. und Patzak A.: Širjaevii fragmenta astragalogica IV. S 38.10

Url Walter: Zur Wirkung der Atmungsgifte Natriumazid und Dinitrophenol auf die Permeabilität von Blechnum spicant-Zellen (mit 3 Textabbildungen). S 25.—

Wawrik Friederike: Hochgebirgs-Kleingewässer im Arlberggebiet III (mit 3 Textabbildungen und 1 Tafel). S 18.90

1959 (S I Bd. 168):

Biebl Richard: Röntgenstrahlenwirkungen auf Commelinaceenstecklinge (Total- und Partialbestrahlungen) (mit 9 Tabellen und 5 Textabbildungen). S 31.20

Höfler Karl: Über die Gollinger Kalkmoosvereine (mit 1 Textabbildung und 1 Tafel). S 34.50

Höfler Karl und Fetzmann Elsa Leonore: Algen-Kleingesellschaften des Salzlackengebietes am Neusiedler See I (mit 1 Tafel). S 21.50

Hustedt Friedrich: Die Diatomeenflora des Salzlackengebietes im österreichischen Burgenland (mit 31 Textabbildungen und 1 Tafel). S 53.90

Luhan Maria: Zur Wurzelanatomie unserer Alpenpflanzen. IV. Compositae (mit 9 Textabbildungen und 4 Tafeln). S 36.90

Pfoser Karl: Vergleichende Versuche über Verholzungsreaktionen und Fluoreszenz (mit 2 Textabbildungen und 2 Tafeln). S 18.70

Rechinger K. H., Dulfer H. und Patzak A.: Širjaevii fragmenta astragalogica. S 29.40

Wendelberger Gustav: Die Vegetation des Neusiedler See-Gebietes. S 7.20

1960 (S I Bd. 169):

Bolay Erika: Die Vitalfärbung voller Zellsäfte und ihre cytochemische Interpretation (mit einer Textabbildung und 5 Tafeln). S 49.—

Ehrendorfer F.: Neufassung der Sektion Lepto-Galium Lange und Beschreibung neuer Arten und Kombinationen (zur Phylogenie der Gattung Galium, VII). S 12.—

Franz Gertrude: Die Mikroflora einiger Standorte im Leithagebirge in ihrer Abhängigkeit von Boden und Vegetationsdecke (mit 22 Textabbildungen). S 88.—

Pruzsinszky S.: Über Trocken- und Feuchtluftresistenz des Pollens (mit 12 Abbildungen auf 6 Tafeln). S 63.40

1961 (S I Bd. 170):

Fetzmann Elsalore, Vegetationsstudien im Tanner Moor (Mühlviertel, Oberösterreich) (mit 2 Textabbildungen und 2 Tafeln). S 170–3, S 23.–

Pruzsinszky Siegfried und Url Walter, Ein Beitrag zur Desmidiaceenflora des Lungaues. S 170–1, S 9.–

Rechinger K. H., Dufler H. und Patzak A., Širjaevii fragmenta astragalogica XIII. bis XVII. Teil. S 170–2, S 56.–